Ouvrages d'art en zone sismique

Guide d'application de l'Eurocode 8

Dans la même collection, en coédition Eyrolles/Afnor

Jean-Marie Paillé, *Calcul des structures en béton*, 2ᵉ éd., 2013, 744 p.

Jean-Louis Granju, *Introduction au béton armé - Théorie et applications courantes selon l'Eurocode 2*, 2ᵉ éd. 2014, 288 p.

Jean Roux, *Pratique de l'Eurocode 2*, 2009, 626 p.

– *Maîtrise de l'Eurocode 2*, 2009, 338 p.

Collectif APK/Jean-Pierre Muzeau, *La construction métallique avec les Eurocodes. Interprétation ; exemples de calcul*, 476 p.

– *Manuel de construction métallique - Extraits des Eurocodes 0, 1 et 3*, 2ᵉ éd., 2013, 256 p.

Yves Benoit, *Construction bois : l'Eurocode 5 par l'exemple. Le dimensionnement des barres et des assemblages en 30 applications*, 2014, 296 p.

Yves Benoit, *Résistance au feu des constructions bois. Barres en situation d'incendie et assemblages selon l'Eurocode 5*, 2015, 192 p.

Yves Benoit, Bernard Legrand et Vincent Tastet, *Dimensionner les barres et les assemblages en bois. Guide d'application de l'EC5 à l'usage des artisans*, 2012, 256 p.

– *Calcul des structures en bois. Guide d'application des Eurocodes 5 & 8*, 3ᵉ éd., 2014, 496 p.

Marcel Hurez, Nicolas Juraszek, Marc Pelcé, *Dimensionner les ouvrages en maçonnerie. Guide d'application de l'Eurocode 6*, 2ᵉ éd., 2014, 336 p.

Victor Davidovici, Dominique Corvez, Alain Capra, Shahrokh Ghavamian, Véronique Le Corvec et Claude Saintjean, *Pratique du calcul sismique*, 2ᵉ éd., 2015, 244 p.

Claude Saintjean, *Introduction aux règles de construction parasismique. Applications courantes de l'Eurocode 8 à la conception parasismique*, 352 p., 2014

Wolfgang & Alan Jalil, *Conception et analyse sismiques du bâtiment. Guide d'application de l'Eurocode 8 à partir des règles PS 92/2004*, 2014, 368 p.

Xavier Lauzin, *Le calcul des réservoirs en zone sismique*, 2013, 100 p.

Alain Capra, Aurélien Godreau, *Ouvrages d'art en zone sismique*, 2ᵉ éd., 2015, 128 p.

Victor Davidovici, Serge Lambert, *Fondations et procédés d'amélioration du sol. Guide d'application de l'Eurocode 8*, 2013, 160 p.

Alain Capra & Aurélien Godreau

Ouvrages d'art en zone sismique

Guide d'application de l'Eurocode 8

Deuxième édition 2015

ÉDITIONS EYROLLES
61, bd Saint-Germain
75240 Paris Cedex 05
www.editions-eyrolles.com

AFNOR ÉDITIONS
11, rue Francis-de-Pressensé
93571 La Plaine Saint-Denis Cedex
www.boutique-livres.afnor.org

Le programme des Eurocodes structuraux comprend les normes suivantes, chacune étant en général constituée d'un certain nombre de parties :

Les Eurocodes transversaux :

EN 1990 Eurocode 0 : Bases de calcul des structures

EN 1991 Eurocode 1 : Actions sur les structures

EN 1997 Eurocode 7 : Calcul géotechnique

P 94 Normes d'application nationale pour la mise en œuvre de l'Eurocode 7

EN 1998 Eurocode 8 : Conception et dimensionnement des structures pour leur résistance aux séismes

Les Eurocodes matériaux :

EN 1992 Eurocode 2 : Calcul des structures en béton

EN 1993 Eurocode 3 : Calcul des structures en acier

EN 1994 Eurocode 4 : Calcul des structures mixtes acier-béton

EN 1995 Eurocode 5 : Calcul des structures en bois

EN 1996 Eurocode 6 : Calcul des ouvrages en maçonnerie

EN 1999 Eurocode 9 : Calcul des structures en alliages d'aluminium

Exécution des structures :

EN 13670 Exécution des structures en béton

EN 1090 et P 22-101 Exécution des structures en acier et des structures en aluminium

Les normes Eurocodes reconnaissent la responsabilité des autorités réglementaires dans chaque État membre et ont sauvegardé le droit de celles-ci de déterminer, au niveau national, des valeurs relatives aux questions réglementaires de sécurité, là où ces valeurs continuent à différer d'un État à un autre.

Table des matières

Introduction

Ce document a pour but de faciliter la compréhension et l'application pratique des Eurocodes pour la justification des ouvrages d'art vis-à-vis du séisme.

Il prend en compte la carte sismique française (décrets n° 2010-1254 et n° 2010-1255 du 22/10/10), les spectres réglementaires (arrêté du 26 octobre 2011), l'EN 1998-1 (règles générales), l'EN 1998-2 (ponts), l'EN 1998-5 (fondations), l'EN 1337-3 (appareils d'appui en élastomère) et l'EN 15129 (dispositifs antisismiques).

Pour la majorité des ouvrages on pourra appliquer la méthode de base des Eurocodes qui fait appel à la notion de coefficient de comportement. Les principes de cette méthode seront tout d'abord exposés, puis les prescriptions réglementaires seront passées en revue et commentées.

Pour les ouvrages comportant des appareils spéciaux (coupleurs, amortisseurs…) la méthode du coefficient de comportement n'est pas toujours applicable. Le principe de fonctionnement de ces différents appareils sera alors exposé ainsi que la méthode de calcul applicable dans chaque cas.

CHAPITRE 1

Méthode du coefficient de comportement

1.1 Remarques générales sur la conception parasismique

Dans le domaine des ouvrages d'art comme des bâtiments, la conception parasismique d'une structure peut se concevoir selon une des manières suivantes.

a) *Conception élastique linéaire*

La structure est conçue pour rester élastique, ce qui garantit contre tout dommage important, et les efforts sont évalués par un calcul dynamique basé sur la théorie de l'élasticité linéaire à partir d'un séisme défini par un spectre de réponse élastique. Pour des niveaux de séisme importants cette conception peut s'avérer coûteuse mais présente l'avantage de la sûreté, n'exige pas en principe de dispositions constructives particulières, et minimise les réparations éventuelles.

Elle est adoptée par exemple pour les bâtiments nucléaires ou les blocs opératoires des hôpitaux, avec en général quelques dispositions spécifiées par les maîtres d'ouvrage (longueurs d'ancrage, ferraillage minimum du béton armé…)

b) *Conception élasto-plastique*

L'action sismique consiste en mouvements du sol et s'apparente à un cas de déplacement imposé. Dans ces conditions la plastification de certaines zones (rotules plastiques) a un effet favorable car elle permet de mieux supporter les déplacements. En contre partie des dispositions constructives contraignantes doivent être adoptées pour éviter des ruptures prématurées, limitant de ce fait les possibilités de déformation, et des désordres plus ou moins importants sont inévitables.

C'est cette conception qui est principalement développée dans l'Eurocode avec :

- un calcul conventionnel des sollicitations basé sur l'emploi d'un « coefficient de comportement » ;
- une règle assurant la bonne localisation des rotules plastiques ;
- des dispositions constructives.

Pour un niveau sismique faible il peut être intéressant de considérer un coefficient de comportement unité. On est alors ramené au cas a) et on peut alors se dispenser de dispositions constructives spécifiques.

c) *Emploi d'appareils spéciaux*

L'EC 8 permet aussi la justification des structures équipées d'appareils spéciaux reliant le tablier aux appuis.

Ces appareils permettent d'augmenter la souplesse (appuis néoprène), l'amortissement (amortisseurs hydrauliques ou élastoplastiques), ou bien de répartir l'effort dû au séisme sur plusieurs piles (coupleurs dynamiques).

Dans le cas des appuis néoprène ou des coupleurs dynamiques la plastification des piles est acceptée et la méthode b) peut être utilisée. Dans les autres cas, la structure est censée rester élastique, comme dans le cas a), et le calcul s'effectue à partir d'un spectre ou d'une série d'accélérogrammes, en tenant compte des lois de comportement des appareils utilisés.

1.2 Principes de la méthode du coefficient de comportement

Cette méthode comporte une hypothèse sur les déplacements et s'applique suivant les règles décrites ci-dessous :

1.2.1 Hypothèse de base

On considère deux oscillateurs simples de même masse et comportant un ressort, soit élastique linéaire, soit linéaire pour de faibles déplacements et parfaitement plastique au-delà. La relation force-déplacement de ces deux oscillateurs est donnée par la figure 1.1.

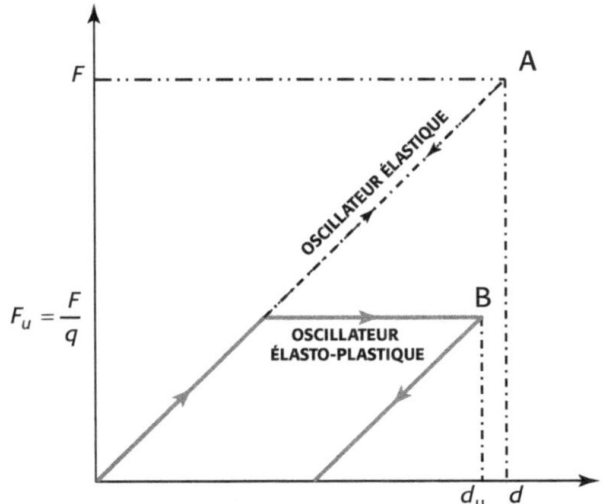

Figure 1.1. Relation force-déplacement – Coefficient de comportement

En effectuant des études comparatives de ces deux types d'oscillateurs soumis au séisme on constate, hormis pour les oscillateurs de faible période propre, que le déplacement maximum d_u de l'oscillateur élastoplastique est comparable au déplacement d de l'oscillateur parfaitement élastique. Les règles parasismiques posent en principe $d = d_u$. Dans le graphe force-déplacement de la figure 1.1 la solution élastique correspond au point A de coordonnées (F, d), la solution élastoplastique au point B de coordonnées (F_u, d). On pose $F_u = F/q$; q est appelé coefficient de comportement. Il est défini par les règles en fonction du type de matériau et de structure.

Plus le coefficient q est élevé, plus la longueur du palier est grande, ainsi que le risque de rupture par déformation excessive. Des valeurs de q élevées ne peuvent donc être employées que pour des types de matériaux et de structure pouvant effectivement supporter des plastifications importantes ce qui implique des dispositions constructives particulières.

Dans le cas général des structures à plusieurs degrés de liberté on fait l'hypothèse de l'égalité des déplacements pour les modes de période élevée (une hypothèse différente est faite pour les autres modes), et on applique les règles décrites ci-après.

1.2.2 Règles de calcul

RÈGLE 1 : La formation de rotules plastiques est autorisée.

On autorise la formation de « rotules plastiques », zones où les matériaux se plastifient, permettant ainsi une rotation importante. Une rotule plastique n'est pas une simple articulation car elle peut équilibrer un moment fléchissant et une rotation dont les valeurs maximales dépendent de la limite de rupture des matériaux (figure 1.2).

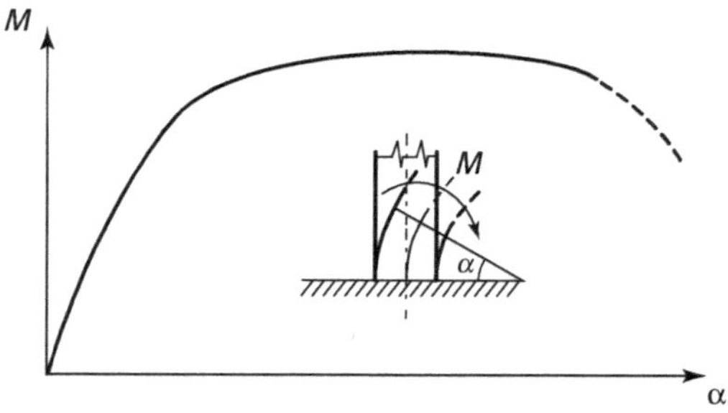

Figure 1.2. Rotule plastique

Il convient de choisir l'emplacement de ces rotules de manière à assurer l'accessibilité pour le contrôle et pour faciliter les réparations éventuelles.

Dans le cas des ponts les rotules plastiques doivent se former uniquement dans les piles ; les culées peu déformables et encastrées dans le terrain ne sont pas susceptibles de se plastifier.

De plus elles doivent se situer à l'encastrement des piles sur les semelles (ou le cas échéant à l'encastrement des piles sur le tablier). En effet, pour un déplacement donné en tête de pile, si une rotule apparaissait à mi-hauteur elle subirait une rotation deux fois plus importante qu'une rotule située à la base. On se rapprocherait alors de la ruine (figure 1.3).

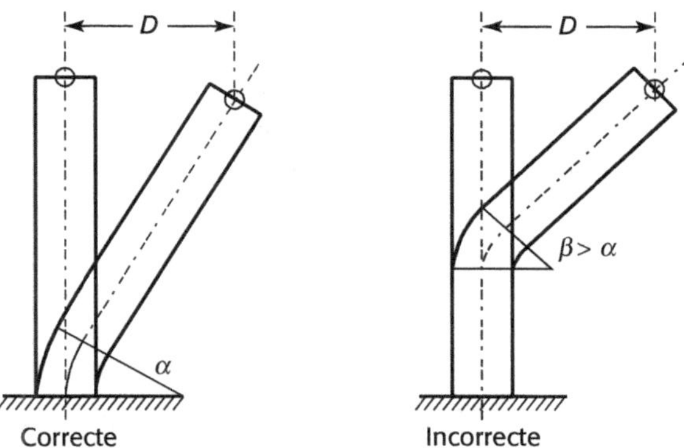

Figure 1.3. Position des rotules

Le comportement sismique post-élastique est optimal dans les cas où les rotules plastiques se forment presque simultanément dans le plus grand nombre possible de piles. De par l'impossibilité de procéder à des inspections, les semelles ne doivent pas se plastifier. Il est souhaitable qu'il en soit de même pour les fondations profondes mais l'apparition de rotules plastiques y est bien souvent inévitable. Il convient alors d'adopter des dispositions constructives particulières (ferraillage supplémentaire) pour limiter les dégâts éventuels.

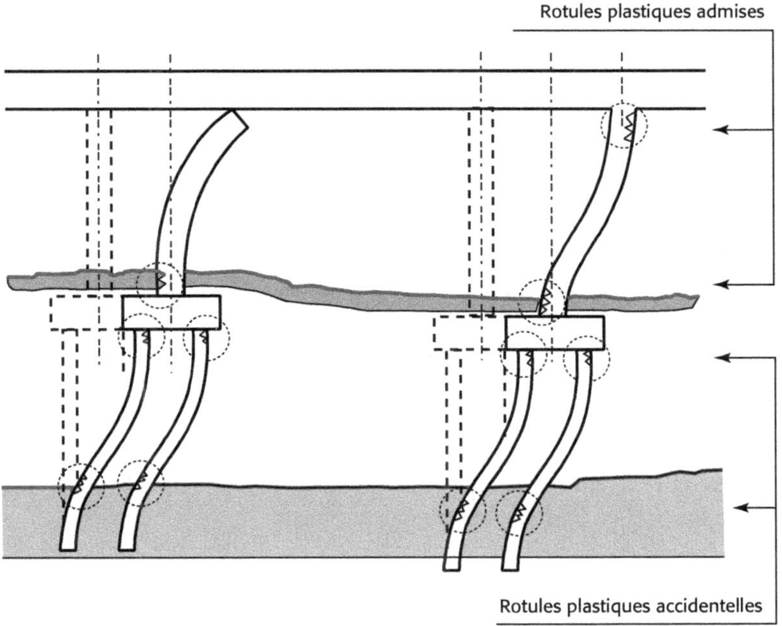

Figure 1.4. Rotules plastiques admises et accidentelles

RÈGLE 2 : Calcul des sollicitations

On effectue un calcul élastique linéaire. Il consiste en :

- un calcul dynamique basé sur des « spectres de calcul pour l'analyse élastique » dans lesquels un coefficient q diviseur des pseudo accélérations est incorporé.

Le coefficient q est unique pour toute la structure et pour une direction de séisme donnée. Ce coefficient est défini par les règles en fonction des matériaux et du type de contreventement ; il peut varier suivant la direction de séisme concernée.

- un calcul statique conventionnel tenant compte de l'effet des déplacements différentiels du sol sur la structure des ponts de grande longueur et sur les fondations profondes. Le coefficient q diviseur des sollicitations peut aussi être utilisé.

Les sollicitations issues de ces différents calculs doivent être combinées.

RÈGLE 3 : Calcul des déplacements

Les déplacements fournis par le calcul élastique linéaire des sollicitations doivent être majorés (au-delà d'une certaine période on les multiplie par q, ce qui revient à les calculer en fait avec $q = 1$).

RÈGLE 4 : On doit éviter une rupture fragile

Il est indispensable d'éviter toute rupture prématurée qui limiterait la déformation ultime, donc le niveau sismique que pourrait supporter un ouvrage.

Des règles spéciales et des dispositions constructives devront donc être appliquées pour les cas suivants :

Rupture fragile	Mesures d'évitement du mécanisme
Béton armé	
Cisaillement	Coefficient de sécurité Y_{Bd1}
Flambement des armatures	Renfort des cadres
Construction métallique	
Instabilités locales Voilement des âmes, déversement des poutres, flambement des membrures	Règles sur les épaisseurs minimales des âmes et des membrures
Rupture par cisaillement des appareils d'appui	Coefficient de sécutité Y_{Of}

Tableau. 1.1. Ruptures fragiles à proscrire

Ces précautions sont toutefois très allégées dans le cas où on limite à 1,5 la valeur de q (ductilité limitée), option qui est laissée au choix du concepteur.

RÈGLE 5 : Cohérence du calcul

Le coefficient q donné par les règles n'est valable que si la structure, dimensionnée pour le séisme mais aussi pour tous les autres cas de charge, se plastifie bien en cas de séisme pour une majorité des rotules prévues. Si ce n'est pas le cas, le coefficient q doit être diminué. Les sollicitations sismiques sont alors accrues et le nombre de rotules plastifiées augmente en conséquence.

RÈGLE 6 : Surdimensionnement

Les rotules ne doivent pas apparaître ailleurs qu'aux endroits prévus où les dispositions constructives garantissent le bon fonctionnement en plasticité. Pour cela on augmente la sécurité à la rupture de toutes les autres zones. Cette règle, toujours valable pour les fondations des ponts, n'est pas appliquée à la structure si on utilise un coefficient $q \leq 1,5$, la formation de rotules plastiques étant jugée improbable dans ce cas.

CHAPITRE 2

Définition de l'action sismique

2.1 Domaine d'application des règles

2.1.1 Cas général

La méthode du coefficient de comportement s'applique à tous types d'ouvrages, en béton ou métal, munis ou non d'appareils d'appui à pot ou néoprène, de butées parasismiques ou de coupleurs dynamiques reliant le tablier aux appuis.

Selon le type de structure étudiée, le calcul de la réponse sismique peut s'effectuer à l'aide de deux types de spectres :

a) *Spectre de calcul (« pour l'analyse élastique »)*
Ce spectre intègre le coefficient de comportement q et fournit directement les efforts. Par contre les déplacements doivent être majorés en fonction de q.

b) *Spectre élastique*

Ce spectre n'intègre pas le coefficient de comportement q et fournit directement les déplacements. Par contre les efforts obtenus doivent être divisés par q.

L'utilisation des spectres élastique est requise uniquement dans le cas de l'isolation sismique à l'aide d'appareils d'appui élastomère (les efforts horizontaux sont transmis entre le tablier et les piles et culées uniquement par les appuis élastomère) mais l'utilisation du spectre de calcul est aussi possible.

En effet compte tenu de la définition de ces deux spectres et des périodes propres élevées obtenues par l'emploi d'appuis en élastomère, ces deux procédures conduisent aux mêmes résultats sauf pour les très grandes périodes, pour lesquelles l'emploi du spectre de calcul peut être défavorable.

2.1.2 Cas particuliers

La méthode du coefficient de comportement ne s'applique pas lorsqu'on emploie certains appareils spéciaux (amortisseurs, fusibles…) ou lorsqu'on tient compte du comportement non linéaire des matériaux. Dans ce cas l'action sismique est définie par des accélérogrammes compatibles avec les spectres élastiques réglementaires.

2.2 Action sismique réglementaire

L'action sismique maximale à prendre en compte est définie par une accélération de référence du sol sur un site rocheux et une forme de spectre de réponse en accélération.

Cette accélération de référence du sol correspond à une probabilité de dépassement de 10 % durant une période de 50 ans (soit une période de retour de 475 ans). La seule exigence pour les ouvrages est qu'ils ne s'effondrent pas et les vérifications de la résistance seront donc effectuées à l'ELU accidentel.

Les périodes de retour à prendre en compte peuvent être augmentées en fonction de l'importance de l'ouvrage, donc l'accélération de référence du sol par l'intermédiaire du coefficient γ_I.

Par ailleurs les maîtres d'ouvrage peuvent imposer de considérer un niveau inférieur du séisme (séisme de service) correspondant à une période de retour plus faible. Dans ce cas on doit limiter les dommages à la structure qui doit donc rester dans le domaine élastique. De plus des limitations de la déformation peuvent être prescrites pour préserver les équipements éventuels (joints de chaussée, voie ferrée, etc…)

2.2.1 Accélération de référence du sol

Suivant l'arrêté du 26 octobre 2011, a_{gr}, accélération maximale de référence pour un sol rocheux (classe A) est donnée par le tableau suivant (en m/s²) :

Zones de sismicité	a_{gR}
2 (Faible)	0,7
3 (Modérée)	1,1
4 (Moyenne)	1,6
5 (Forte)	3

Tableau 2.1. Accélération maximale de référence a_{gR} (T_{NCR} = 475 ans)

Dans le cas de très faible sismicité (zone 1), la justification au séisme n'est pas exigée.

2.2.2 Classification des ouvrages d'art

Les ponts sont répartis selon trois catégories d'importance qui dépendent :

• Des conséquences d'un effondrement sur les vies humaines

- De leur importance pour la sécurité du public et pour la protection civile dans la période suivant immédiatement le séisme.
- Des conséquences économiques d'un effondrement.

La catégorie d'importance d'un pont se traduit par l'utilisation d'un coefficient d'importance γ_I multiplicateur de l'action sismique permettant ainsi d'agir sur la période de retour de l'événement sismique. Les ponts de la classe « à risque normal » sont classés selon les catégories d'importance I, II , III et IV (*Cf.* Art.2 de l'arrêté du 26 octobre 2011). Les valeurs recommandées sont données dans le tableau ci-dessous :

Catégories d'importance de pont	Coefficient d'importance γ_I	Période de retour (ans)
II	1	475
III	1,2	820
IV	1,4	1300

Tableau 2.2. Coefficient d'importance pour les ponts

Les ponts de catégorie I n'appartiennent pas au domaine public et ne desservent pas d'établissement recevant du public ; pour ces ouvrages la justification au séisme n'est pas exigée.

Généralement, les ouvrages de lignes LGV et autoroutiers sont classés dans la catégorie III (γ_I=1,2).

2.2.3 Accélération du sol pour le séisme de service
[EN1998-1/§2.1]

La période de retour de référence de l'action sismique pour l'exigence de non effondrement du pont (Séisme ELU accidentel) est de 475 ans (équivalent à une probabilité de dépassement de 10 % en T_{LR} = 50 années).

Pour le séisme de service (ELS), pour lequel il est exigé une limitation des dommages, la structure doit être conçue pour résister à des actions sismiques moindres présentant une probabilité de se produire plus importante. L'Eurocode propose une probabilité de dépassement de 10 % en T_L = 10 années (ce qui correspond à une période de retour de 95 ans). Ces valeurs sont à confirmer par les maîtres d'ouvrages.

Pour obtenir la même probabilité de dépassement en T_L années qu'en T_{LR} années pour lesquelles l'accélération du sol de référence est fixée, on multiplie cette dernière par un coefficient $k = \left(\dfrac{T_{LR}}{T_L} \right)^{-1/3}$.

Avec T_{LR} = 50 ans et T_L = 10 ans, on obtient γ_I = 0,585.

Pour passer du spectre pour le séisme ELU à celui du séisme ELS on doit donc remplacer $a_g = a_{gR} \times \gamma_I$ par $a_{gr} \times \mathbf{0,585}$.

2.2.4 Effet d'amplification topographique

Pour les structures importantes ($\gamma_I > 1$: **cat III et IV**), il y a lieu de tenir compte des effets d'amplification topographique si les dénivelées du terrain excèdent 30 m et les pentes 15°. Ces effets se traduisent par un coefficient, noté ST, qui multiplie les ordonnées du spectre de réponse.

La figure 2.1 résume les recommandations de l'EN 1998-5 Annexe A, avec :

$$\begin{array}{lll}
\text{Pour } i < 15° & ST1 = 1 & ST2 = 1 \\
\text{Pour } i > 15° & ST1 = 1{,}2 & ST2 = 1{,}2 \\
\text{Pour } i > 30° & ST1 = 1{,}4 & ST2 = 1{,}2
\end{array}$$

De plus, en cas de « couche lâche » en surface, les valeurs de $ST1$ et $ST2$ doivent être multipliées par 1,2.

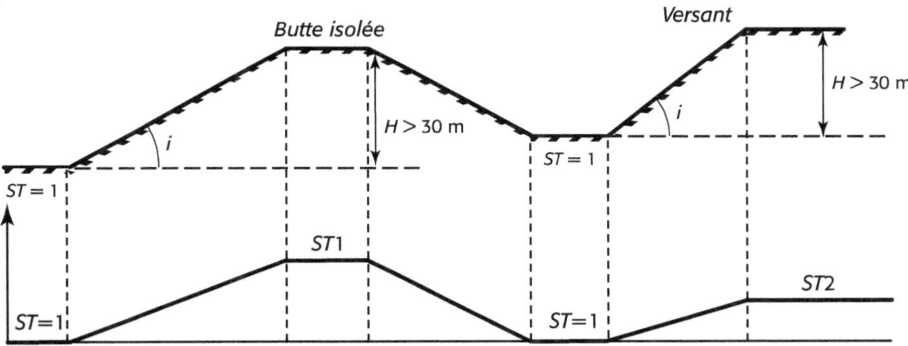

Figure 2.1. Influence de la topographie du site – Coefficient ST

2.2.5 Classes de sol

Tout d'abord, le site de construction et la nature du terrain de fondation doivent être exempts de risques de rupture, d'instabilité des pentes et de tassements permanents causés par liquéfaction ou densification du sol en cas de séisme. La possibilité de tels phénomènes doit être examinée conformément aux exigences de l'EN1998-5/§ 5.4.

La prise en compte des sols en place sur le site de l'ouvrage s'effectue grâce à une classification en cinq classes principales (A, B, C, D et E) et deux classes spéciales (S_1 et S_2).

Ces classes traduisent l'influence des conditions locales de sol sur l'action sismique.

Classe de sol	Description du profil stratigraphique	Paramètres		
		$v_{s,30}$ (m/s)	N_{SPT} (coups/30 cm)	c_u (kPa)
A	Rocher ou autre formation géologique de ce type comportant une couche superficielle d'au plus 5 m de matériau moins résistant	> 800	–	–
B	Dépôts raides de sable, de gravier ou d'argile sur-consolidée, d'au moins plusieurs dizaines de mètres d'épaisseur, caractérisés par une augmentation progressive des propriétés mécaniques avec la profondeur	360 – 800	> 50	> 250
C	Dépôts profonds de sable de densité moyenne, de gravier ou d'argile moyennement raide, ayant des épaisseurs de quelques dizaines à plusieurs centaines de mètres	180 – 360	15 – 50	70 – 250
D	Dépots de sol sans cohésion de densité faible à moyenne (avec ou sans couches cohérentes molles) ou comprenant une majorité de sols cohérents mous à fermes	< 180	< 15	< 70
E	Profil de sol comprenant une couche superficielle d'alluvions avec des valeurs de v_s de classe C ou D et une épaisseur comprise entre 5 m environ et 20 m, reposant sur un matériau plus raide avec v_s > 800 m/s			
S_1	Dépôts composés, ou contenant, une couche d'au moints 10 m d'épaisseur d'argiles molles/vases avec un indice de plasticité élevé (Pl > 40) et une teneur en eau importante	< 100 (valeur indicative)	–	10 – 20
S_2	Dépôts de sols liquéfiables, d'argiles sensibles, ou tout autre profil de sol non compris dans les classes A à E ou S_1			

Tableau 2.3. Classes de sol

Les sols sont donc classés selon la valeur moyenne de la vitesse des ondes de cisaillement, $v_{s,30}$ sur les 30 m supérieurs du sol si elle est disponible [EN1998-1/§3.1.2-(2)]. Dans le cas contraire on utilise la valeur de N_{SPT}, résultat du « standart pénétration test ».

Pour les sites dont les conditions de sol correspondent à l'une des deux classes spéciales S_1 ou S_2, des études particulières sont nécessaires pour la définition de l'action sismique. [EN1998-1/§3.1.2(4)].

À chaque catégorie de sol correspond un paramètre S donné dans le tableau suivant :

Classes de sol	S (pour les zones de sismicité 2 à 4)	S (pour la zone de sismicité 5)
A	1	1
B	1,35	1,2
C	1,5	1,15
D	1,6	1,35
E	1,8	1,4

Tableau 2.4. Paramètres de sol S

2.2.6 Spectre de calcul pour le séisme horizontal

2.2.6.1 Coefficient de comportement pour le séisme horizontal

Les rotules plastiques ne sont susceptibles de se développer que dans les piles et le coefficient de comportement q ne dépend donc que de la nature de ces piles et de la plus ou moins grande incursion dans le domaine plastique prévisible. En effet le concepteur peut choisir entre deux classes de ductilité qui correspondent à des dispositions constructives plus ou moins contraignantes :

- structures ductiles permettant d'adopter les valeurs du coefficient de comportement q les plus importantes ;
- structures à ductilité limitée avec q plafonné à 1,5.

Les valeurs du coefficient de comportement q peuvent être différentes dans des directions horizontales différentes, mais la classe de ductilité doit être la même dans toutes les directions. [EN 1998-1/§3.2.2.5-3(P)]

a) *Cas général*

Les valeurs **maximales** du coefficient de comportement q qui peuvent être utilisées pour les composantes horizontales sont données par le tableau suivant :

Type d'éléments ductiles	Comportement sismique	
	Ductile limité	**Ductile**
Piles en béton armé :		
Piles verticles en flexion	1,5	3,5 $\lambda(\alpha_S)$
Béquilles inclinées fléchies	1,2	2,1 $\lambda(\alpha_S)$
Piles en acier :		
Piles verticales en flexion	1,5	3,5
Béquilles avec contreventement normal	1,2	2,0
Piles avec contreventement normal	1,5	2,5
Piles avec contreventement excentré	–	3,5
Assemblage rigide des culées au tablier :		
En général	1,5	1,5
Structures bloquées	1,0	1,0
Arcs	1,2	2,0

* $\alpha_S = L_S/h$ est le rapport de portée d'effort tranchant de la pile, où L_S est la distance entre la rotule plastique et le point de moment nul et h est la hauteur de la section transversale dans la direction de flexion de la rotule plastique.

Pour $\alpha_S \geq 3$ $\lambda(\alpha_S) = 1{,}0$

$3 > \alpha_S \geq 1{,}0$ $\lambda(\alpha_S) = \sqrt{\dfrac{\alpha_S}{3}}$

Tableau 2.5. Valeurs maximales du coefficient de comportement q – [EN 1998-2/§4.1.6]

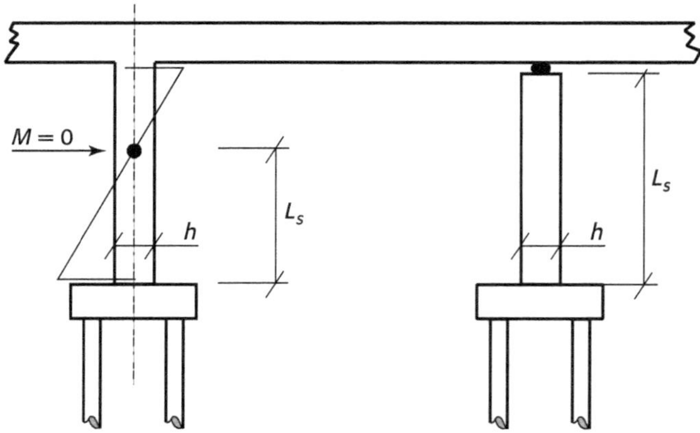

Figure 2.2. Rapport de portée d'effort tranchant $\alpha = L_s/h$

Dans le cas de la conception ductile ($q > 1,5$), ces coefficients de comportement doivent être réduits :

- si le comportement sismique du pont n'est pas « régulier » (*Cf.* 4.1)
- si l'effort normal N d'une pile est trop élevé [EN 1998-2/§4.1.6]

On adopte alors le coefficient réduit : $q_r = q - \dfrac{\upsilon - 0{,}3}{0{,}3}(q-1)$ avec,

- $\upsilon = \dfrac{N}{A_c\, f_{ck}}$
- A_c : aire de la section droite de la pile
- f_{ck} : résistance caractéristique du béton.

<u>Nota</u> : le coefficient q des piles dépendant de leur élancement, on devra retenir la valeur la plus faible pour le groupe de piles retenant le tablier dans une direction considérée. Les piles munies d'appareils glissants dans cette même direction pourront par contre être calculées avec leur propre coefficient q.

b) *Cas des appuis en élastomère*

Si on utilise des appareils d'appui en élastomère pour transmettre les efforts horizontaux du tablier aux piles et culées (isolation sismique), la classe de ductilité limitée est imposée, soit $q = 1{,}5$, quelle que soit la nature des piles ou leur effort normal. De plus il est imposé de majorer les déplacements par un coefficient de « fiabilité des appuis » γ_{1s} de valeur 1 ou 1,5 selon les cas (voir §2.4).

Nota : L'EN 1998-2 chapitre 7 propose d'effectuer le calcul à partir du « spectre élastique » n'incorporant pas le coefficient q, (voir §2.4) et non du « spectre de calcul », puis de diviser les efforts par q et de multiplier les déplacements par γ_{1s}.

Compte tenu de la définition de ces deux spectres et des périodes propres élevées obtenues par l'emploi d'appuis en élastomère, on pourra aussi utiliser le spectre de calcul défini ci-après qui fournit directement les sollicitations, puis majorer les déplacements par $\gamma_{1s}\, q$.

2.2.6.2 Spectre de calcul pour le séisme horizontal

Pour un oscillateur simple de masse m, de raideur k, et donc de période $T = 2\pi\sqrt{\dfrac{m}{k}}$, le séisme peut être modélisé par une force pseudo-statique : $F = m\, S_d(T)$.

Sous l'effet de cette force la masse se déplace d'une quantité $d_{Ee} = \dfrac{T^2}{4\pi^2}\, S_d(T)$, valeur maximum du déplacement de la masse en cas de séisme.

La « pseudo accélération » $S_d(T)$ est définie comme suit :

$$0 \le T \le T_\mathrm{B} : \qquad S_\mathrm{d}(T) = a_\mathrm{g} \cdot S \cdot \left[\frac{2}{3} + \frac{T}{T_\mathrm{B}} \cdot \left(\frac{2,5}{q} - \frac{2}{3} \right) \right]$$

$$T_\mathrm{B} \le T \le T_\mathrm{C} : \qquad S_\mathrm{d}(T) = a_\mathrm{g} \cdot S \cdot \frac{2,5}{q}$$

$$T_\mathrm{C} \le T \le T_\mathrm{D} : \qquad S_\mathrm{d}(T) = \begin{cases} = a_\mathrm{g} \cdot S \cdot \dfrac{2,5}{q} \cdot \left[\dfrac{T_\mathrm{C}}{T} \right] \\ \ge \beta \cdot a_\mathrm{g} \end{cases}$$

$$T_\mathrm{D} \le T : \qquad S_\mathrm{d}(T) = \begin{cases} = a_\mathrm{g} \cdot S \cdot \dfrac{2,5}{q} \cdot \left[\dfrac{T_\mathrm{C} T_\mathrm{D}}{T^2} \right] \\ \ge \beta \cdot a_\mathrm{g} \end{cases}$$

Où :

- T période de vibration d'un oscillateur linéaire à un seul degré de liberté
- a_g accélération de calcul, $a_\mathrm{g} = \gamma_\mathrm{I} \times a_\mathrm{gR}$
- T_B limite inférieure des périodes correspondant au palier d'accélération spectrale constante ;
- T_C limite supérieure des périodes correspondant au palier d'accélération spectrale constante ;
- T_D valeur définissant le début de la branche à déplacement spectral constant ;
- S paramètre du sol
- q est le coefficient de comportement ;
- $\beta = 0,2$ est le coefficient correspondant à la limite inférieure du spectre de calcul horizontal. Une attention toute particulière doit être apportée pour la période limite de ce palier qui dépend du coefficient de comportement q et qui peut se situer de part et d'autre de la période T_D.

Les valeurs des périodes T_B, T_C et T_D dépendant de la classe de sol sont données par le tableau suivant :

Classes de sol	Zones de sismicité 2 à 4			Zone de sismicité 5		
	T_B	T_C	T_D	T_B	T_C	T_D
A	0,03	0,2	2,5	0,15	0,4	2
B	0,05	0,25	2,5	0,15	0,5	2
C	0,06	0,4	2	0,2	0,6	2
D	0,1	0,6	1,5	0,2	0,8	2
E	0,08	0,45	1,25	0,15	0,5	2

Tableau 2.6. Séisme horizontal : valeurs des périodes T_B, T_C et T_D en fonction de la classe de sol

Des spectres différents peuvent être définis dans l'annexe nationale si la géologie profonde est prise en compte.

Tous les spectres ont l'allure indiquée sur la figure ci-dessous, tracée dans le cas d'un pont de classe II en zone de sismicité faible, un sol de classe E et un coefficient de comportement $q = 1,5$.

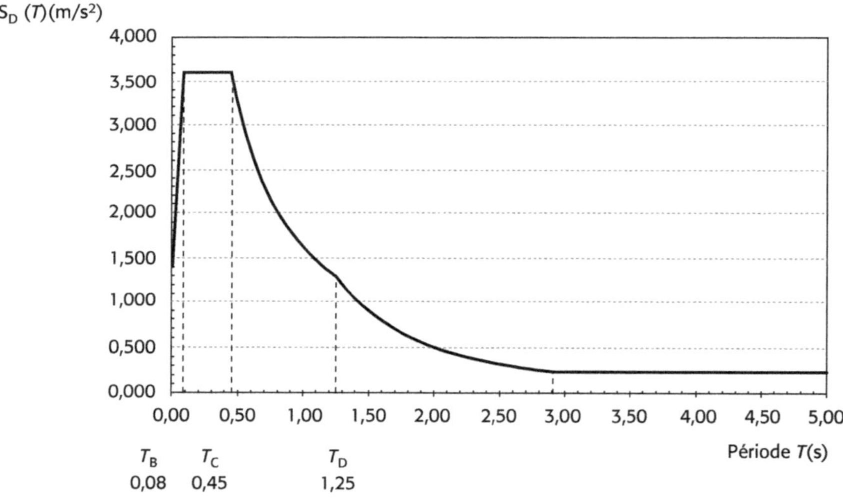

Figure 2.3. Spectre de calcul pour sol E – $q = 1,5$ = Classe II – zone faible

Dans la majorité des cas les périodes des modes principaux sont supérieures à T_B et une surestimation de la raideur des fondations (par exemple en supposant des encastrement parfaits à la base des piles) conduit à minimiser les périodes propres, donc à majorer les sollicitations, ce qui va dans le sens de la sécurité.

Il n'en est pas de même pour les structures très raides ($T < T_B$) et dans ce cas on devra :

- soit évaluer en fourchette la raideur des fondations.
- soit prolonger le plateau du spectre entre T_B et 0.

2.2.7 Spectre de calcul pour le séisme vertical
[EN 1998-2/§4.1.6]

2.2.7.1 Coefficient de comportement pour le séisme vertical

Pour la composante verticale de l'action sismique, il convient d'utiliser un coefficient de comportement $q = 1$.

2.2.7.2 Spectre de calcul pour le séisme vertical

L'accélération verticale de calcul au niveau d'un sol de type rocheux (classe A au sens de la norme) est donnée par le tableau suivant :

Zones de sismicité	a_{vg}
2 (Faible)	$0,9\, a_g$
3 (Modérée)	$0,9\, a_g$
4 (Moyenne)	$0,9\, a_g$
5 (Forte)	$0,8\, a_g$

Tableau 2.7. Expression d'a_{vg} en fonction de la sismicité du site

Le spectre de calcul est alors donné par les expressions du §2.2.6.2, avec l'accélération de calcul du sol dans la direction verticale, a_{vg}, à la place de a_g, **S pris égal à 1,0** et les périodes T_B, T_C et T_D données par le tableau suivant :

Classes de sol	zones de sismicité 2 à 4			zone de sismicité 5		
	T_B	T_C	T_D	T_B	T_C	T_D
A, B, C, D, E	0,03	0,2	2,5	0,15	0,4	2

Tableau 2.8. Séisme vertical : valeurs des périodes T_B, T_C et T_D

2.2.8 Correction de l'amortissement [EN 1998-2/§4.13]

Les spectres correspondent à un amortissement de $\xi = 5\,\%$, spécifique au béton armé.

Ils sont directement utilisables pour des piles en béton armé et des tabliers en béton armé ou précontraint, ou mixtes métal-béton.

Pour d'autres matériaux l'amortissement a pour valeur :

- Acier soudé $\xi = 2\,\%$
- Acier boulonné $\xi = 4\,\%$
- Béton précontraint $\xi = 2\,\%$
- Sol $\xi \geq 5\,\%$

Pour un mode donné, l'amortissement d'une structure comportant un ou plusieurs matériaux peut s'estimer par la formule :

$$\xi = \frac{\sum \xi_i E_i}{\sum E_i}$$

E_i représente l'énergie de déformation du matériau i d'amortissement ξ_i.

Pour calculer les efforts comme les déplacements on utilise ensuite le spectre pondéré par le coefficient $\eta = \sqrt{\dfrac{0,1}{0,05 + \xi}} \geq 0,55$. Ce coefficient permet de tenir compte de l'amortissement dû au sol en cas de prise en compte de l'interaction sol-structure.

2.2.9 Calcul des déplacements relatifs [EN 1998-2/§2.3.6.1]

Lorsqu'on emploie un spectre de calcul, les efforts sont calculés directement, mais par contre les déplacements doivent être corrigés comme suit :

Pour un oscillateur simple ou chacun des modes d'un oscillateur multiple, le déplacement relatif par rapport au sol est donné par l'expression :

$$d_E = {}^+_-\eta \mu_d\, d_{Ee}$$

Avec :

d_{Ee} : déplacement sismique calculé

η coefficient de correction de l'amortissement explicité au §2.2.8

μ_d : coefficient de ductilité en déplacement

$$\mu_d = \begin{cases} q \; si \; T \geq T_0 = 1,25\,T_C \\[2mm] (q-1)\dfrac{T_0}{T} + 1 \leq 5q - 4 \quad si \; T < T_0 \\[2mm] 1 \; si \; T < 0,033\,s \end{cases}$$

T : période fondamentale

Nota : Le déplacement d_E est une fonction croissante de la période. Une surestimation de la raideur des fondations n'est donc pas sécuritaire vis-à-vis des déplacements.

2.3 Déplacement absolu du sol [EN 1998-1/§3.2.2.4]

Sauf dans les cas où des études particulières conduiraient à une autre valeur, le déplacement absolu d_g de la surface du sol, (déplacement mesuré dans un repère fixe lié à la terre) peut être estimé à l'aide de l'expression suivante :

$$d_g = 0,025 \cdot a_g \cdot S \cdot T_C \cdot T_D$$

Le déplacement d_g intervient dans les vérifications suivantes :

• Justification des fondations profondes

Il convient de prendre en compte la variation de déplacement du sol sur la profondeur de la fondation en cas de séisme (voir §6.2).

- Prise en compte de la variabilité spatiale

Les calculs dynamiques sont basés sur l'hypothèse d'un déplacement en bloc du sol dans la direction étudiée. Il convient de plus de tenir compte de la différence des mouvements du sol à la base des piles, inévitable compte tenu de l'hétérogénéité des sols (voir § 6.1).

Les sollicitations correspondant à ces deux effets doivent être cumulées avec celles résultant du calcul dynamique.

2.4 Spectres élastiques

2.4.1 Domaine d'emploi

a) *Isolation sismique avec appuis élastomère*

La méthode du coefficient de comportement s'applique avec $q = 1,5$. On doit en principe utiliser un calcul modal à partir d'un spectre élastique qui fournit le bon déplacement mais des efforts qui doivent être divisés par q. Il est toutefois possible d'utiliser un spectre de calcul qui fournit des résultats dans le sens de la sécurité (voir § 3.1.1).

Le déplacement des appuis élastomère doit de plus être majoré par un coefficient de « fiabilité » $\gamma_{1S} = 1,5$ si le déplacement dû au séisme excède la moitié du déplacement de la combinaison avec séisme, 1 dans le cas contraire [EN 15129 §8.2.1.1 et §8.2.1.2.11].

b) *Autres cas*

Lorsqu'on utilise des dispositifs spéciaux (amortisseurs, fusibles, etc.) ou si on tient compte du comportement non linéaire des matériaux, la méthode du coefficient de comportement n'est plus applicable et un calcul temporel est indispensable.

Il doit être réalisé à partir d'accélérogrammes compatibles avec le spectre élastique qui sert donc de référence réglementaire.

2.4.2 Spectre élastique horizontal [EN1998-1/§3.2.2.2-1(P)]

$$0 \leq T \leq T_{\mathrm{B}} : \qquad S_e(T) = a_{\mathrm{g}} \cdot S \cdot \left[1 + \frac{T}{T_{\mathrm{B}}} \cdot \left(\eta \cdot 2,5 - 1 \right) \right]$$

$$T_{\mathrm{B}} \leq T \leq T_{\mathrm{C}} : \qquad S_e(T) = a_{\mathrm{g}} \cdot S \cdot \eta \cdot 2,5$$

$$T_{\mathrm{C}} \leq T \leq T_{\mathrm{D}} : \qquad S_e(T) = a_{\mathrm{g}} \cdot S \cdot \eta \cdot 2,5 \left[\frac{T_{\mathrm{C}}}{T} \right]$$

$$T_{\mathrm{D}} \leq T : \qquad S_e(T) = a_{\mathrm{g}} \cdot S \cdot \eta \cdot 2,5 \left[\frac{T_{\mathrm{C}} T_{\mathrm{D}}}{T^2} \right]$$

Les paramètres a_g, S, T, T_B, T_C, T_D et η sont les mêmes que pour le spectre de calcul défini au § 2.2.6.2.

2.4.3 Spectre élastique vertical

$$0 \leq T \leq T_{\mathrm{B}} : \qquad S_{ve}(T) = a_{vg} \cdot \left[1 + \frac{T}{T_{\mathrm{B}}} \cdot \left(\eta \cdot 3{,}0 - 1 \right) \right]$$

$$T_{\mathrm{B}} \leq T \leq T_{\mathrm{C}} : \qquad S_{ve}(T) = a_{vg} \cdot \eta \cdot 3{,}0$$

$$T_{\mathrm{C}} \leq T \leq T_{\mathrm{D}} : \qquad S_{ve}(T) = a_{vg} \cdot \eta \cdot 3{,}0 \left[\frac{T_{\mathrm{C}}}{T} \right]$$

$$T_{\mathrm{D}} \leq T \leq 4\mathrm{s} : \qquad S_{ve}(T) = a_{vg} \cdot \eta \cdot 3{,}0 \left[\frac{T_{\mathrm{C}} T_{\mathrm{D}}}{T^2} \right]$$

Les paramètres sont les mêmes que pour le spectre de calcul vertical (§ 2.2.7.2).

CHAPITRE 3

Vérification du comportement

Lorsqu'on utilise dans les calculs un coefficient de comportement, on envisage par principe que des rotules plastiques apparaissent. Il est donc nécessaire de vérifier cette hypothèse sous les combinaisons de charges sismiques.

En effet, cette vérification peut échouer pour une pile donnée si :

- Le séisme n'est pas dimensionnant, c'est-à-dire que le dimensionnement adopté pour équilibrer une autre combinaison d'action empêche la formation de la rotule sous la combinaison sismique.

- Le ferraillage minimum réglementaire est supérieur à celui nécessaire pour la résistance (cas du béton armé).

Si l'on rencontre ce cas de figure **pour toutes les piles**, il convient de recommencer le calcul pour une valeur de q plus faible, qui provoquera une augmentation des efforts dans toute la structure, jusqu'à trouver la valeur optimale de q pour laquelle un nombre suffisant de rotules seront plastifiées. Cela peut alors conduire à augmenter le ferraillage de certains éléments du pont au-delà du minimum réglementaire et éventuellement à renforcer les fondations et les appareils d'appui.

Pour une bonne conception il est souhaitable que des rotules apparaissent dans toutes les piles à peu près simultanément, toutefois l'Eurocode permet de s'en dispenser pour certaines piles par application de la règle de l'EN 1998-2/§4.1.8 décrite ci-dessous.

3.1 Comportement sismique régulier et irrégulier des ponts [EN 1998-2/§4.1.8]

Ce paragraphe concerne les ponts au comportement ductile ($q > 1,5$).

Pour tous les ponts ayant un comportement sismique dit « régulier », les valeurs des coefficients de comportement du tableau 2.5, (voir §2.2.6.1) peuvent être utilisées sans aucune vérification particulière de la ductilité disponible, sous réserve de satisfaire aux exigences relatives aux dispositions constructives.

Pour les ponts n'ayant pas un comportement régulier, on devra réduire la valeur du coefficient q selon la méthode exposée ci-après.

Nota : pour les ponts au comportement à **ductilité limitée**, aucune vérification de la régularité du pont n'est exigée.

3.1.1   Risques dus au comportement irrégulier des ponts

Pour les ponts dont le comportement est irrégulier, la plastification des rotules dans les piles est séquentielle et l'analyse linéaire équivalente, effectuée sur la base de l'hypothèse du coefficient de comportement q, peut conduire à des erreurs importantes sur les sollicitations pour les raisons suivantes :

* les rotules qui apparaissent en premier lieu développent des déformations post-élastiques plus importantes que les autres rotules, pouvant entrainer une demande de ductilité excessivement élevée.

* Suite à la formation des premières rotules plastiques, la répartition des forces dans la structure peut varier par rapport à celle prévue par l'analyse linéaire équivalente, ceci provoquant une modification importante des efforts dans le tablier.

3.1.2   Vérification de la régularité du pont [EN 1998-2/§4.1.8]

Pour évaluer la régularité d'un pont suivant une direction horizontale de séisme donnée, on introduit un coefficient dit « de réduction de force locale » r_i associé à chacune des piles :

Pour la combinaison avec séisme qui donne le moment maximum correspondant à la direction étudiée, on calcule au niveau de la rotule potentielle :

* $M_{Ed,i}$ le moment maximum qui s'applique à l'élément
* $M_{Rd,i}$ la valeur maximum du moment $M_{Ed,i}$ acceptable par la section (les autres éléments du torseur étant inchangés).

Le calcul doit se faire à partir des armatures prévues sur les plans, suivant les calculs réglementaires à l'ELU.

On calcule ensuite les valeurs extrêmes $r_{\max}$ et $r_{\min}$ du coefficient r_i :

$$r_i = q\,\frac{M_{Ed,i}}{M_{Rd,i}}$$

a) Un pont est considéré comme ayant un comportement sismique régulier **dans la direction horizontale concernée**, lorsque $r_{\max}$ et $r_{\min}$, valeurs extrêmes de r_i respectent la condition suivante :

$$\rho = \frac{r_{\max}}{r_{\min}} \leq \rho_0$$

Où $\rho_0 = 2$ est une valeur limite choisie de manière à s'assurer que la plastification séquentielle des éléments ductiles n'entraîne pas des demandes en ductilité excessivement élevées pour un élément.

b) Un ou plusieurs éléments ductiles (piles) peuvent être exonérés du calcul de $r_{\min}$ et $r_{\max}$ si leur contribution totale à l'effort tranchant n'excède pas 20 % de l'effort sismique total dans la direction horizontale considérée.

c) Les ponts ne satisfaisant pas la relation $\rho < \rho_0$ doivent être considérés comme ayant un comportement sismique irrégulier dans la direction horizontale concernée. Dans ce cas, ces ponts doivent être dimensionnés :

- soit en utilisant une valeur de q réduite : $q_r = q \dfrac{\rho_0}{\rho}$ (≥ 1) ;
- soit en se basant sur les résultats d'une analyse non linéaire.

Remarque

Si $r_i = q$, donc $\rho = 1$, on retrouve le cas idéal souhaitable de toutes les piles de pont se plastifiant simultanément.

3.1.3   Exemple de calcul

L'exemple donné en annexe A montre que la règle décrite ci-dessus autorise un comportement assez éloigné de l'idéal (plastification simultanée de toutes les piles) et que les efforts dans le tablier peuvent être sous-estimés.

3.2   Contrôle des zones « hors rotules » : dimensionnement en capacité

Ce paragraphe concerne les ponts au comportement ductile ($q > 1,5$).

Les rotules, lorsqu'elles se plastifient, limitent de ce fait les efforts dans la structure et des dispositions constructives spécifiques leur permettent de supporter de grandes déformations.

Le reste de la structure, comportant des dispositions constructives moins lourdes, doit rester dans le domaine élastique, et ceci même si la résistance des rotules s'avère supérieure à celle prévue par le calcul, à cause des propriétés réelles des matériaux, ce qui entraîne de ce fait une augmentation des efforts dus au séisme.

Les règles préconisent un coefficient γ_0 de « sur-résistance en flexion » de valeur

- 1,25 pour la charpente métallique ;
- 1,35 pour le béton armé si $v = \dfrac{N_{ED}}{A_c \, f_{ck}} < 0,1$;
- 1,35 $(1 + 2(v - 0,1)^2)$ si $v > 0,1$;
- de plus les appareils d'appui glissants ou néoprène à noyau de plomb doivent être affectés d'un facteur de sur résistance de 1,3 [EN 1998-2/§5.3].

3.2.1   Piles en béton armé équipées d'appareils d'appui fixes peu déformables

Ce paragraphe concerne les piles équipées d'appuis fixes peu déformables (comme les appuis à pot), ou de butées sans jeu notable. Ces appuis sont modélisés sous la forme d'une articulation pile–tablier (voir chapitre 11 ci-après).

Les piles sont soumises en cas de séisme à de la flexion composée déviée (efforts N, M_1, M_2) et la sur-résistance d'une rotule s'évalue à partir du ferraillage réellement mis en place, qui n'est pas forcément imposé par ces seuls efforts sismiques.

Il nous paraît judicieux de faire l'hypothèse qu'elle provient d'une sur-résistance de l'acier et du béton, ce qui conduit à adopter la méthode suivante :

1. Déterminer le ferraillage de la rotule en pied de pile en prenant en compte toutes les combinaisons sismiques et non sismiques et les densités minimales de ferraillage éventuellement imposées.

2. Parmi les combinaisons sismiques qui prennent en compte les trois directions de séisme et la variabilité spatiale (voir chapitre 6) sélectionner les trois qui donnent respectivement la valeur maximum des efforts N, M_1 et M_2. Ces combinaisons s'écrivent (voir §7.4) :

$$E_d = G + \psi_{21}Q_{1k} + A_{ED}$$

avec :

G sollicitation permanente ;

Q_{1k} valeur caractéristique de la sollicitation due au trafic ;

A_{ED} effet combiné des trois directions du séisme et de la variabilité spatiale.

3. Pour les trois combinaisons retenues, vérifier la résistance en flexion déviée de la rotule à partir du ferraillage prévu, en supposant la résistance des matériaux multipliée par le coefficient γ_0, et les sollicitations sismiques majorées par un coefficient k_i (i = 1,3) ajusté de telle sorte que la section soit dans un état limite de résistance.

4. Vérifier le reste de la pile et les appareils d'appui avec les trois combinaisons sismiques majorées (Torseur N_C, M_{1C}, M_{2C})

$$E_d = G + \psi_{21}Q_{1k} + k_i A_{ED}$$

Le schéma suivant résume le concept de dimensionnement en capacité :

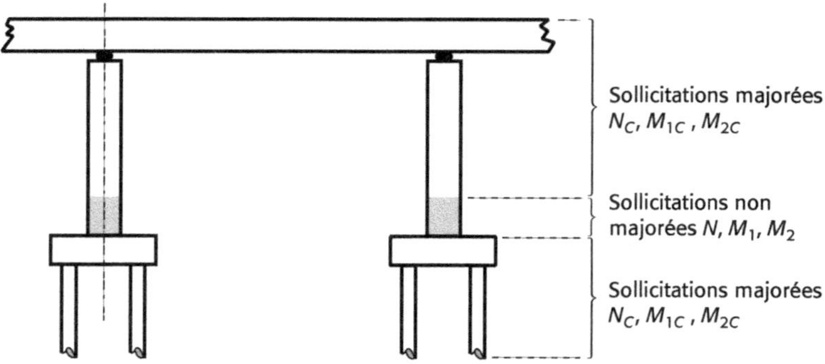

Figure 3.1. Principe de calcul du dimensionnement en capacité

Une application de cette méthode est donnée en annexe A.

3.2.2 Piles équipées d'appuis glissants

Les forces de frottement des appuis glissants, provoquées par la variation de température, ne sont pas prises en compte pour la flexion de la rotule, mais doivent l'être pour vérifier les autres sections de la pile.

Elles sont évaluées en majorant de 30 % le coefficient de frottement ; on en déduit la sollicitation correspondante F de la pile.

La procédure est alors similaire à la précédente.

1. Déterminer le ferraillage de la rotule en pied de pile en prenant en compte toutes les combinaisons sismiques et non sismiques et les densités minimales de ferraillage éventuellement imposées.

2. Parmi les combinaisons sismiques qui prennent en compte les trois directions de séisme et la variabilité spatiale (voir chapitre 6) sélectionner les trois qui donnent respectivement la valeur maximum des efforts N, M_1 et M_2. Ces combinaisons s'écrivent (voir §7.4) :

$$E_d = G + \psi_{21}Q_{1k} + A_{ED}$$

avec :

G sollicitation permanente ;

Q_{1k} valeur caractéristique de la sollicitation due au trafic ;

A_{ED} effet combiné des trois directions du séisme et de la variabilité spatiale.

1. Cumuler la sollicitation F aux trois combinaisons retenues, vérifier la résistance en flexion déviée de la rotule à partir du ferraillage prévu, en supposant la résistance des matériaux multipliée par le coefficient γ_0 et les sollicitations sismiques majorées par un coefficient k_i ($i = 1,3$) ajusté de telle sorte que la section soit dans un état limite de résistance.

2. Vérifier le reste de la pile avec les trois combinaisons sismiques majorées (Torseur N_C, M_{1C}, M_{2C})

$$E_d = G + \psi_{21}Q_{1k} + k_i A_{ED} + F$$

3.2.3 Piles équipées d'appuis en élastomère « non sismiques »

Dans ce cas, les efforts sismiques sont équilibrés par des points fixes et les appuis en élastomère ne sont pas pris en compte dans le modèle de calcul. Contrairement au cas de l'isolation sismique la conception peut être ductile, donc passible de la procédure de dimensionnement en capacité. Pour les appareils d'appui, elle consiste à majorer de 30 % leur raideur.

La distorsion des appuis a pour valeur :

$$d = d_2 + d_{eg} - d_1$$

avec :

d_1 déplacement dynamique de la tête de pile supportant l'appui ;

d_2 déplacement dynamique du point fixe ;

d_{eg} déplacement du à la variabilité spatiale entre la pile et le point fixe.

Au déplacement d correspond une force horizontale calculée en majorant de 30 % la raideur nominale des appuis en élastomère, d'où l'on déduit une sollicitation F dans la pile.

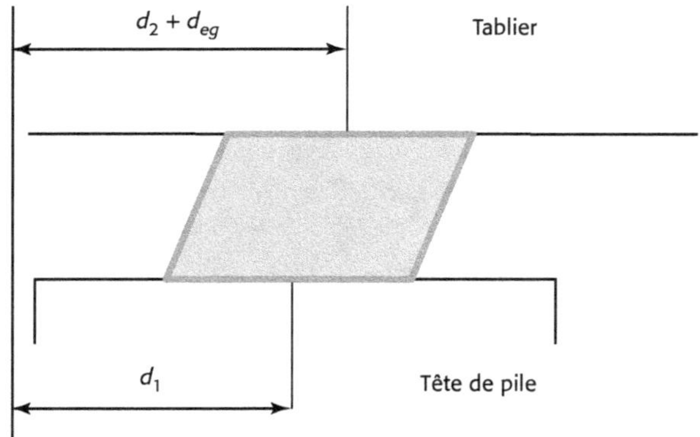

Figure 3.2. Appui élastomère « non sismique »

Pour la justification de la pile deux cas sont alors possibles :

a) $d < 0$

L'appareil d'appui a un effet favorable qu'on négligera en pratique. On applique dans ce cas la procédure décrite au chapitre 3.2.1.

b) $d > 0$

L'appareil d'appui a un effet défavorable. On applique la procédure décrite au chapitre 3.2.2.

3.2.4   Méthode approchée

Pour effectuer des estimations rapides au stade avant-projet, on pourra utiliser la méthode approchée décrite ci-après, valable uniquement si le ferraillage est déterminé par les sollicitations (sismiques ou non) et non par une imposition de pourcentage minimum.

a) Déterminer les moments dans une rotule plastique pour une direction de flexion donnée :

- $M_{\max}$: moment maximum (combinaison avec ou sans le séisme)
- M_E :   moment du au séisme
- M_G :   moment à combiner avec le séisme.

b) On suppose que la rotule peut résister au moment $\gamma_0\, M_{\max}$ et on détermine l'amplification k du moment M_E qui en résulte :

$$\gamma_0\, M_{\max} = M_G + k\, M_E$$

D'où : $k = \gamma_0 \dfrac{M_{\max}}{M_E} - \dfrac{M_G}{M_E}$

c) On vérifie la pile, hors rotule plastique avec la combinaison $M_G + k\, M_E$.

Nota : Si le séisme est dimensionnant, $M_{\max} = M_G + M_E$, d'où $k = \gamma_0 + (\gamma_0 - 1)\dfrac{M_G}{M_E}$.

CHAPITRE 4

Méthodes de calculs dynamiques

Dans cette partie, l'action sismique de calcul est notée E.

4.1 Analyse dynamique linéaire – Méthode spectrale

4.1.1 Choix des modes significatifs [EN 1998-2/§4.2.1.2]

Tous les modes qui contribuent de manière significatives à la réponse doivent être pris en compte.

Ce critère est considéré comme satisfait si :

(i) la somme des « masses modales effectives » considérées atteint 90 % de la masse totale du pont :
$$\frac{\left(\sum M_i\right)_{considérés}}{M_{totale}} \geq 0,9$$

Si la condition (i) n'est pas satisfaite après prise en compte de tous les modes avec $T > 0,033$ s, le nombre de modes est jugé acceptable sous réserve de respecter les deux conditions suivantes :

- $$\frac{\left(\sum M_i\right)_{considérés}}{M_{totale}} \geq 0,7$$
- les valeurs finales des effets de l'action sismique sont multipliées par $\dfrac{M_{totale}}{\left(\sum M_i\right)_{considérés}}$.

L'exemple donné en annexe B détaille les précautions à prendre dans l'application du critère des masses modales.

4.1.2 Combinaison des réponses modales

La réponse E (déplacement ou sollicitation) d'une structure à un mouvement sismique du sol dans une direction donnée (par exemple X), s'obtient en combinant la réponse E_i maximum suivant chacun des modes de vibration de cette structure, en tenant compte de la non conco-mitance systématique de ces maxima.

Lorsque tous les modes ont des périodes suffisamment éloignées les uns des autres, on peut appliquer une simple combinaison quadratique (SRSS) : $E_X = \sqrt{\sum E_{iX}^2}$.

Dans le cas général on doit utiliser la « combinaison quadratique complète » (CQC) qui est normalement prise en compte dans les logiciels courants [EN 1998-2/§4.2.1.2-(2)P].

En général une sollicitation sismique n'est pas définie par un unique paramètre mais par plusieurs (effort normal N, moment selon la direction longitudinale M_1, moment selon la direction transversale M_2, effort tranchant V).

On peut alors utiliser les combinaisons SRSS ou CQC pour déterminer indépendamment la valeur maximum de chacun de ces paramètres, puis les associer avec des signes + ou −. Cette méthode est sécuritaire car elle amène à considérer les maxima des effets de l'action sismique comme s'ils étaient concomitants.

Des méthodes plus précises peuvent toutefois être utilisées : elles permettent de définir, pour chacune des sections de calcul, plusieurs séries de paramètres concomitants. On trouvera la description de ces méthodes dans les références bibliographiques 1 et 13 pour un calcul de poutres en flexion composée (2 paramètres) ou en flexion composée déviée (3 paramètres) et pour des éléments de coque (6 paramètres).

4.1.3 Combinaison des composantes de l'action sismique
[EN 1998-1/§4.3.3.5.1]

Méthode 1. Règle SRSS

L'effet maximal probable E, dû à la prise en compte simultanée des mouvements du sol le long des axes horizontaux X, Y et de l'axe vertical Z, peut être évalué selon la règle SRSS :

$$E = \sqrt{E_X^2 + E_Y^2 + E_Y^2}\ .$$

où :

- E_X sont les effets de l'action dus à l'application de l'action sismique le long de l'axe horizontal OX choisi pour la structure.
- E_Y sont les effets de l'action dus à l'application de la même action sismique, le long de l'axe horizontal orthogonal OY de la structure.
- E_Z sont les effets de l'action dus à l'application de la composante verticale de l'action sismique de calcul.

Méthode 2. Combinaison linéaire

Les trois combinaisons suivantes peuvent être utilisées pour le calcul des effets de l'action sismique :

$$E_X \text{ «+» } 0{,}30\, E_Y \text{ «+» } 0{,}30\, E_Z$$
$$0{,}30\, E_X \text{ «+» } E_Y \text{ «+» } 0{,}30\, E_Z$$
$$0{,}30\, E_X \text{ «+» } 0{,}30\, E_Y \text{ «+» } E_Z$$

où « + » signifie « être combiné avec » dans le sens + ou −.

Méthode 3. Concomitance des efforts

Les méthodes plus précises évoquées en 4.1.2 prennent aussi en compte les trois directions de séisme.

4.1.4 Prise en compte de la composante verticale
[EN 1998-2/§ 4.1.7]

La composante **verticale du séisme** doit **obligatoirement** être prise en compte dans les cas suivants :

- **Piles** :

  Dans les zones de sismicité **moyenne ou forte**, uniquement si les piles sont soumises à des contraintes de flexion importantes dues aux actions permanentes verticales du tablier, ou lorsque le pont se trouve à une distance comprise entre 0 et 5 km d'une faille sismotectonique active.

- **Tabliers** :

  Tabliers en **béton précontraint** (uniquement l'action sismique verticale **ascendante**).

- **Attelages et appareils d'appui** :

  Dans **tous les cas**.

4.2 Méthode du mode fondamental
[EN 1998-2/§ 4.2.2]

Cette méthode linéaire s'applique principalement pour les avant-projets dans les cas où le comportement dynamique de la structure peut être étudié par un modèle à un seul degré de liberté, soit en pratique :

- pour la vérification des tabliers droits dans le sens longitudinal, si la masse totale des piles n'excède pas la masse du tablier. (modèle à tablier rigide)
- pour l'étude dans le sens transversal des tabliers rigides dans leur plan ou composés de travées isostatiques. (modèle à tablier flexible / modèle de la pile indépendante).

Elle consiste à étudier un oscillateur simple, évaluer sa période, et lire la pseudo-accélération à appliquer à la masse.

Pour les études d'exécution, hormis le cas des petits ouvrages, il est préférable d'utiliser la méthode spectrale multimodale, moins par un souci de précision que pour la commodité d'exploitation des résultats, les calculs dynamique comme statique pouvant être réalisés avec le même modèle.

4.3 Analyse temporelle linéaire

Comme pour l'analyse spectrale la structure est supposée élastique linéaire. L'action sismique est prise sous la forme d'un ensemble d'accélérogrammes compatibles avec le spectre élastique et choisis selon l'EN 1998-2/§3.2.3. Cette méthode fournit des résultats équivalents à ceux de la méthode spectrale mais plus difficiles à exploiter. Elle présente pour seul avantage un calcul correct de la concomitance des efforts dans une section donnée ce qui ne suffit pas en général à justifier son emploi.

4.4 Analyse temporelle non linéaire
[EN 1998-2/§ 4.2.4]

a) *Cas général*

Il s'agit de la méthode la plus lourde de mise en œuvre, mais en contrepartie c'est la plus générale : le comportement non linéaire des matériaux peut être pris en compte (fissuration du béton, plastification des armatures…) de même que les lois de comportement des appareils spéciaux. Il faut donc définir *a priori* le ferraillage des piles et vérifier que la ruine n'est pas atteinte au cours du séisme.

Elle consiste à intégrer pas à pas dans le temps les équations différentielles non linéaires du mouvement

L'Eurocode limite l'emploi de cette méthode de la manière suivante :

- Pour les ponts réguliers, seul le calcul spectral doit être utilisé :

  « Cette méthode ne peut être utilisée que conjointement avec une analyse spectrale standard si celle-ci est réalisable, pour donner un aperçu de la réponse post-élastique et une comparaison entre les demandes de ductilités locales exigées et disponibles. » Elle permet d'identifier la configuration réelle de la formation des rotules plastiques et de vérifier le dimensionnement en capacité.

- Dans le cas des ponts avec dispositifs d'isolation ou des ponts irréguliers, des valeurs inférieures à celles du calcul spectral (dans les cas où il est réalisable), obtenues à partir d'une analyse temporelle non linéaire peuvent être substituées aux résultats de l'analyse spectrale.

b) *Cas particulier des appareils spéciaux*

Dans le cas d'emploi d'appareils spéciaux à comportement non linéaire, la structure est en général considérée élastique linéaire, il n'est donc pas nécessaire de définir *a priori* le ferraillage et la méthode permet alors de calculer les sollicitations, puis le ferraillage.

4.5 Analyse en poussée progressive
[EN 1998-2/§ 4.2.5 & Annexe H]

L'analyse en poussée progressive (ou *push-over*) est une analyse statique non linéaire conduite sous charges gravitaires constantes et des forces horizontales sismiques qui croissent de façon monotone.

Les objectifs de cette analyse sont les suivants :

- L'estimation de la séquence d'apparition et la configuration finale des rotules plastiques
- L'estimation des effets du dimensionnement en capacité
- L'évaluation de la courbe force-déplacement de la structure et des demandes en déformations des rotules plastiques jusqu'au déplacement cible.

En pratique, cette méthode s'applique uniquement s'il existe un mode très prépondérant comme en général lors de l'étude dans le sens longitudinal.

CHAPITRE 5

Modèles de calcul dynamique

5.1   Raideur des tabliers [EN 1998-2/§2.3.6.1]

La raideur en flexion des tabliers en béton armé, précontraint, ou mixtes doit être évaluée à partir des sections brutes non fissurées.

La raideur en torsion doit être négligée pour les profils ouverts ou les dalles et prise égale à :

- 50 % de la raideur des sections brutes non fissurées pour les caissons en béton précontraint.

- 30 % de la raideur des sections brutes non fissurées pour les caissons en béton armé

5.2   Raideur des piles [EN 1998-2/§2.3.6.1]

Compte tenu de la définition des spectres, une surestimation de la raideur des piles va dans le sens de la sécurité pour les efforts (sauf dans le cas de structures très raides) , mais conduit à sous-estimer les déplacements.

Pour garantir la sécurité vis-à-vis des déplacements les règles imposent la méthode suivante pour les ouvrages à comportement ductile ou ductile limité:

a) Établir un modèle basé sur les inerties des sections brutes non fissurées, ou bien une valeur inférieure choisie *a priori*. En déduire la raideur K_0 de chaque pile en tenant compte si nécessaire de la raideur des fondations et des éléments de liaison avec le tablier.

b) Calculer les sollicitations, en particulier à la base de chaque pile la valeur du moment M_{RD} correspondant à la direction du séisme étudiée, puis définir le ferraillage de ces sections.

c) Calculer la raideur « sécante à la limite élastique » K_Y de chaque pile en tenant compte de la fissuration et du ferraillage prévu (et si nécessaire de la raideur des fondations et des éléments de liaison avec le tablier).

Cela exige en principe de tracer la courbe force-déplacement, de l'approcher par une loi bilinéaire, et de retenir la pente K_Y à l'origine (figure 5.1). Cependant l'annexe C de l'EN 1998-2 permet dans le cas des piles de section droite constante fonctionnant en console d'estimer la rigidité à partir d'une inertie fictive de la section droite de valeur :

- $J_{\text{eff.}} = 230 \dfrac{M_{RD} \cdot d}{E_C}$ pour les sections rectangulaires

- $J_{\text{eff.}} = 200 \dfrac{M_{RD} \cdot d}{E_C}$ pour les sections circulaires

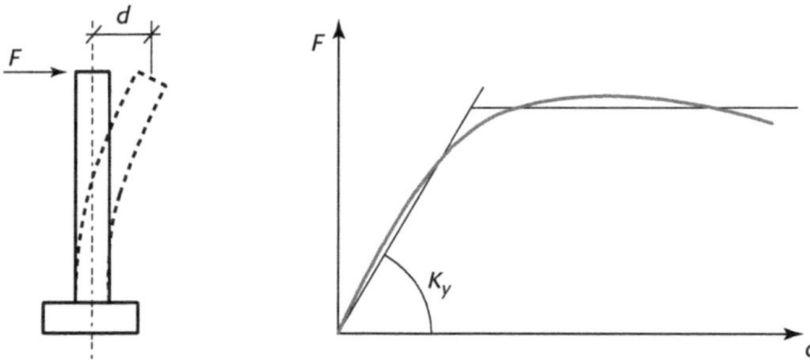

Figure 5.1. Raideur sécante d'une pile

Avec E_C module du béton, d hauteur utile et des armatures de limite élastique 500 MPa.

d) Vérifier que l'on a bien pour chaque pile $K_0 > K_Y$, sinon refaire le calcul.

e) Multiplier les déplacements par le rapport K_0 / K_Y

Cette procédure présente les défauts suivants :

- La multiplication des déplacements par K_0 / K_Y est pessimiste pour les modes de période supérieure à T_C, cas assez courant.

- Lorsque le contreventement est assuré par plusieurs piles les rapports K_0 / K_Y sont *a priori* tous différents et rien n'est spécifié pour la valeur unique à employer. On pourra par exemple retenir la moyenne de ces valeurs.

- La méthode ne s'applique pas pour des sections droites de piles variables sur la hauteur ou différant du rectangle ou du cercle.

Pour traiter le cas général on pourra adapter la méthode comme suit :

a) Établir un modèle comportant des sections de calcul intermédiaires sur les piles, avec une inertie J_0 correspondant à la section brute non fissurée, ou bien une valeur inférieure choisie *a priori*.

b) Calculer les sollicitations dans chacune des sections de calcul des piles, en particulier la valeur du moment Mrd correspondant à la direction du séisme étudiée, puis définir le ferraillage de ces sections.

c) Pour chacune des sections de calcul des piles évaluer l'inertie fissurée Jeff à l'aide de l'une des deux méthodes décrites dans l'annexe C de l'EN 1998-2.

Méthode 1 (cas général)

$$J_{\text{eff.}} = 0{,}08\,J_{un} + J_{cr}$$

Avec :

- J_{un} représente l'inertie de la section brute non fissurée
- $J_{cr} = \dfrac{M_y}{E_C \cdot \varphi_y}$
- M_y et φ_y sont respectivement le moment et la courbure correspondant à la limite élastique du diagramme bilinéaire approché pour la loi moment-courbure (figure 5.2).

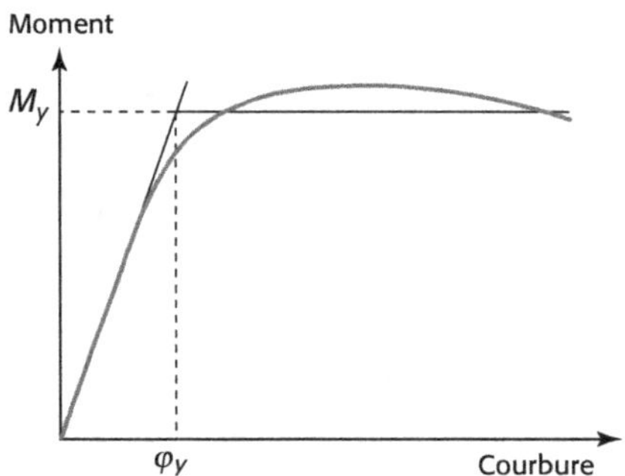

Figure 5.2. Loi moment-courbure approchée

Méthode 2 (sections rectangulaires ou circulaires)

On utilise les formules données plus haut :

- $J_{\text{eff.}} = 230\,\dfrac{M_{RD} \cdot d}{E_C}$ pour les sections rectangulaires ;
- $J_{\text{eff.}} = 200\,\dfrac{M_{RD} \cdot d}{E_C}$ pour les sections circulaires.

Avec E_C module du béton, d hauteur utile et des armatures de limite élastique 500 MPa.

a) Vérifier que l'on a bien pour chaque section $J_0 > J_{\text{eff.}}$, sinon refaire le calcul.

b) Calculer les déplacements avec le modèle modifié en remplaçant l'inertie J_0 par $J_{\text{eff.}}$.

5.3 Raideur des fondations

La raideur et l'amortissement d'une fondation dépendent théoriquement de la période de vibration. Une étude spécifique d'interaction sol-structure est donc en principe nécessaire pour définir les valeurs de la rigidité et de l'amortissement correspondant à chacun des modes principaux de l'ouvrage. Dans les cas courants on peut toutefois utiliser des formules simples, indépendantes de la période pour définir la raideur, l'amortissement étant pris de manière conservative égal à 5 %.

5.3.1 Module élastique dynamique du sol
[EN 1998-5 §4.2.3 et Guide SETRA-SCNF Janvier 2000]

Les raideurs sont calculées à partir du module de cisaillement dynamique G_{max} donné par la formule suivante :

$$G_{max} = \rho V_{s,max}^2$$

Où ρ est la masse volumique du sol et $V_{s,max}$ la vitesse des ondes de cisaillement pour la couche de sol considérée dans le cas d'une faible sollicitation dynamique.

La valeur de $V_{s,max}$ est normalement fournie par une étude géotechnique sous la forme d'une enveloppe $\{V_1 , V_2\}$ plus ou moins large suivant le type des investigations réalisées.

Toutefois, en l'absence de données précises, les valeurs V_1 et V_2 peuvent être déduites simplement du tableau 2.3 : classes de sol [référence 3 guide SETRA –SNCF Janvier 2000] :

Données fournies par le tableau	Enveloppe à considérer
V_1 et V_2	$\{V_1 ; V_2\}$
Une borne inférieure V_1	$\{V_1 ; 2V_1\}$
Une borne supérieure V_2	$\{V_2/2 ; V_2\}$

Tableau 5.1. Enveloppe de $V_{s,max}$ pour le calcul de G_{max}

Les valeurs de $V_{s,max}$ et G_{max} sont définies pour de faibles perturbations du sol. Lors de forts séismes, le sol s'assouplit et dissipe plus d'énergie. Une étude spécifique est réalisable pour déterminer les coefficients de minoration de $V_{s,max}$, mais, à défaut, le tableau 4.1 de l'EN 1998-5 permet d'ajuster les valeurs de V_1 et de V_2 en fonction du rapport d'accélération du sol $a_g S/g = a_{gR} \times \gamma_I \times S/g$:

$a_g S / g$	0,1	0,2	0,3
V'_1/V_1	0.83	0.55	0.45
V'_2/V_2	0.97	0.85	0.75

Tableau 5.2. Correction des caractéristiques de sol

Ces valeurs sont données pour une valeur de $V_{s,max}$ ne dépassant pas 360 m/s. Pour des vitesses supérieures le tableau 5.2 peut toutefois être utilisé de manière conservative. Finalement la fourchette G_1/G_2 à retenir pour le module G est donnée par :

$$\{G_1 = \rho\, V_1'^2 / G_2 = \rho\, V_2'^2 \}$$

5.3.2 Semelles superficielles [Guide SETRA-SNCF Janvier 2000]

Pour calculer les raideurs des semelles superficielles situées sur un sol de module G et de coefficient de Poisson υ, on se ramène à une fondation circulaire équivalente :

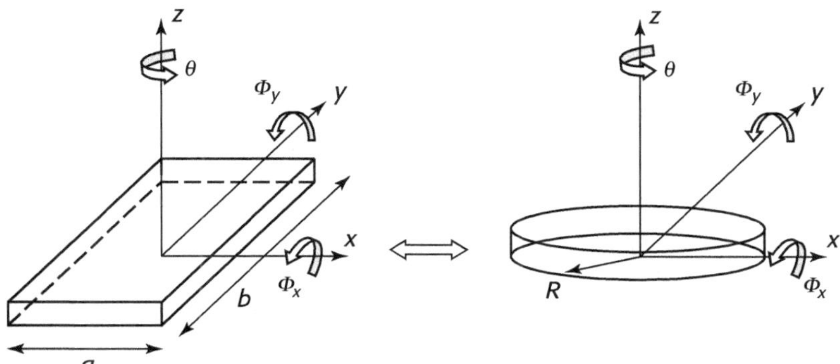

Figure 5.3. Conventions pour le calcul des raideurs de fondations superficielles

Pour les raideurs associées aux degrés de liberté de translation, les formules sont les suivantes, avec, pour les sections rectangulaires, un rayon équivalent R déterminé par l'égalité des aires des deux types de fondation : $\pi R^2 = a \times b$.

- $K_z = \dfrac{4\,G\,R}{1-v}$

- $K_x = K_y = \dfrac{8\,G\,R}{2-v}$

Pour les raideurs associées aux degrés de liberté de rotation, les formules sont les suivantes, avec, pour les sections rectangulaires, un rayon équivalent R déterminé par l'égalité des inerties des deux types de fondation.

- $K_{\phi x} = \dfrac{8\,G\,R^3}{3(1-v)}$, avec $\dfrac{\pi R^4}{4} = \dfrac{a \times b^3}{12}$ pour la rotation autour de l'axe Ox.

- $K_{\phi y} = \dfrac{8\,G\,R^3}{3(1-v)}$, avec $\dfrac{\pi R^4}{4} = \dfrac{a^3 \times b}{12}$ pour la rotation autour de l'axe Oy.

- $K_{\theta z} = \dfrac{16\,G\,R^3}{3}$, avec $\dfrac{\pi R^4}{2} = \dfrac{a^3 \times b + a \times b^3}{12}$

5.3.3   Fondations profondes

On applique les méthodes utilisées pour les calculs statiques usuels, mais basées sur les valeurs G_1 et G_2 définies ci-dessus.

5.4   Masses [EN 1998-2/§4.1.2]

On utilise en général des masses ponctuelles agissant en translation, en nombre suffisant pour représenter correctement la répartition des masses dans l'espace et mettre en évidence tous les modes significatifs (longitudinal, transversal, vertical, torsion). Il n'existe pas de critère précis concernant le choix du nombre de ces masses. Une méthode de vérification possible serait d'augmenter le nombre de nœuds. Si les résultats sont inchangés, le modèle de calcul est acceptable. Si ce n'est pas le cas, le processus est itératif jusqu'à la stabilisation des résultats.

La valeur de la masse M à prendre en compte est donnée par :

$$M = M_g + \psi_{21}\, M_q$$

avec :

M_g : masse permanente (en valeur caractéristique moyenne)

M_q : masse quasi-permanente (action variable de trafic $\psi_{21}\, Q_{k1}$)

ψ_{21} est le coefficient de combinaison applicable aux charges dues au trafic :

	ψ_{21}
Ponts soumis à un trafic normal et passerelles piétonnes	
Ponts routiers et ferroviaires	0
Ponts soumis à un trafic sévère	
Ponts routiers (exclusivement pour le système UDL du modèle LM1)	0,2
Ponts ferrovaires (ligne LGV)	0,3

Important :

Dans le cas **des lignes LGV**, il serait fastidieux de distinguer les masses quasi-permanentes des différents convois (LM71, SW0, SW2, HSLM, …)

Par simplification, pour tous les trains, on choisira une masse quasi permanente unique (par exemple 2 t/m).

CHAPITRE 6

Effets cinématiques

Les calculs dynamiques partent de l'hypothèse d'un déplacement en bloc du sol, ce qui est en fait théoriquement faux, pour les déplacements horizontaux en surface qui varient d'une pile à l'autre, comme pour les déplacements en profondeur.

Ces déplacements différentiels entre deux points du sol entrainent des efforts supplémentaires dans la superstructure comme dans les fondations profondes, efforts que l'on évalue conventionnellement par un calcul statique de déplacements horizontaux imposés.

6.1   Variabilité spatiale [EN 1998-2/§3.3]

Pour les sections de pont ayant un **tablier continu**, la non concomitance des déplacements du sol au droit des appuis (variabilité spatiale) doit être prise en compte lorsque l'une ou les deux conditions suivantes s'appliquent :

- Longueur totale du pont supérieure à une longueur limite $L_{\lim} = L_g / 1,5$
- Sol changeant de nature le long de l'ouvrage

L_g est la distance à partir de laquelle les mouvements entre deux appuis sont considérés comme indépendants ; elle est donnée dans le tableau suivant avec la distance limite $L_{\lim}$ correspondante :

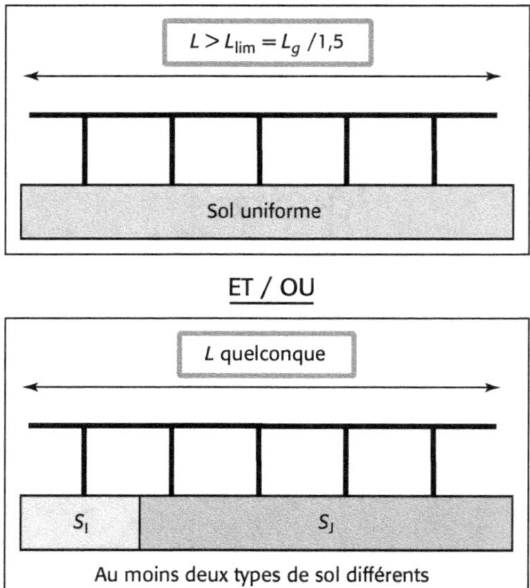

Figure 6.1. Cas d'application de la variabilité spatiale

Classe de sol	A	B	C	D	E
L_g (en m)	600	500	400	300	500
$L_{\lim}$ (en m)	400	333	267	200	333

Tableau. 6.1. L_g et $L_{\lim}$ – Variabilité spatiale

6.1.1 Méthode de calcul des sollicitations

L'EN 1998-2/3.3 propose une méthode statique simplifiée pour le calcul des sollicitations. On définit deux ensembles de déplacements horizontaux des appuis A et B. Ces déplacements relatifs doivent être appliqués à toutes les fondations du pont (1 à *n*) dans **chaque** direction d'analyse. Lorsque celles-ci sont modélisées par des ressorts, ce déplacement doit être imposé de manière statique aux nœuds de liaisons de ces ressorts avec le sol.

Ensemble A

Cet ensemble se compose des déplacements relatifs suivants imposés dans le même sens à chacune des piles :

$$d_{ri} = \varepsilon_r L_i, \quad \text{avec} \quad \varepsilon_r = \frac{d_g \sqrt{2}}{L_g}$$

Où

- d_g est le déplacement de calcul du sol correspondant au type de sol du support *i*, conformément au §2.3 ;
- L_i est la distance horizontale entre le support *i* et un support de référence *i* = 0, pouvant être choisi au droit de l'un des supports d'extrémité.

Note 1 : Ces déplacements relatifs doivent être appliqués avec le même signe (+ ou −) à tous les supports du pont (1 à *n*). **Nombre de cas à considérés** : 2 directions (longitudinale et transversale) * 2 signes = **4 cas d'étude.**

Note 2 : Dans le cas de la direction transversale, pour un sol homogène (même classe) et un tablier de longueur inférieure à L_g, l'ensemble A correspond à une rotation d'angle ε_r du pont avec son sol de fondation. Cela n'induit donc aucun effort supplémentaire. Ce ne sera pas le cas si le sol, donc L_g, change localement

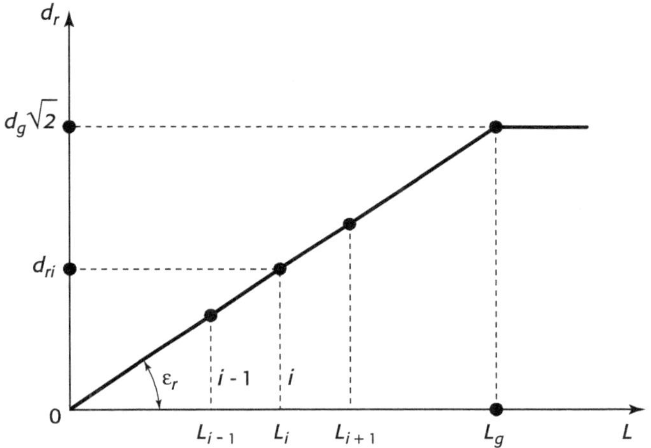

Figure 6.1. Série de déplacement A (cas d'un sol homogène) – Source : Figure 3.1 EN 1998-2

Ensemble B

Cet ensemble couvre l'influence des déplacements du sol se produisant dans des directions opposées au droit de piles adjacentes. On considère des déplacements Δd_i de tout support intermédiaire *i* (>1) par rapport à ses supports adjacents *i− 1* et *i+ 1* considérés comme fixes :

$$\Delta d_i = {}^+_- \beta_r \varepsilon_r L_{av,i}$$

Où

β_r = 0,5 lorsque les trois supports reposent sur le même type de sol

β_r = 1 lorsque l'un des trois supports repose sur un sol différent des deux autres.

- $\varepsilon_r = \dfrac{d_g\sqrt{2}}{L_g}$

  En cas de changement de type de sol entre deux supports, il convient d'utiliser la valeur minimale de L_g pour calculer ε_r.

- d_g est le déplacement de calcul du sol correspondant au type de sol du support *i*, conformément au § 2.3

- $L_{av,i}$ est la moyenne des distances $L_{i-1,\,i}$ et $L_{i,\,i+1}$ du support intermédiaire *i* par rapport aux supports adjacents.

  Pour les supports d'extrémité (culée C0 et Cn) : $L_{av,\,0} = L_{0,1}$ et $L_{av,\,n} = L_{n-1,n}$.

L'ensemble B comprend la configuration suivante de déplacements absolus imposés avec un signe opposé au droit des supports adjacents i et $i+1$, pour $i = 0$ à $n-1$:

$$d_i = \pm \frac{\Delta d_i}{2}$$

$$d_{i+1} = \pm \frac{\Delta d_{i+1}}{2}$$

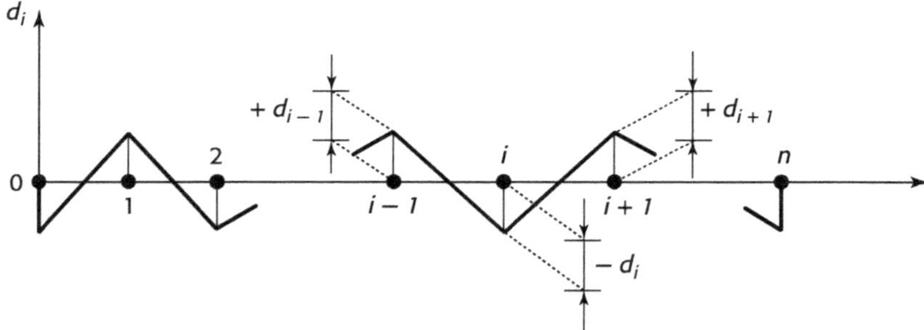

Figure 6.2. Série de déplacement B – Source : Figure 3.1 EN 1998-2

Note 1 : Pour chaque direction (longitudinale et transversale), les deux situations alternées sont à étudier $\left(d_i = \pm \frac{\Delta d_i}{2} \right)$. **Nombre de cas à considérés** : 2 directions * 2 signes = **4 cas d'étude.**

6.1.2 Modèles de calcul

Le calcul des sollicitations peut être effectué avec un modèle à trois dimensions suivant l'une des deux méthodes ci-après :

a) *Méthode n° 1*

La raideur des fondations est représentée par des ressorts reliant la structure à un nœud représentant le sol. Le calcul s'effectue alors en imposant à ces nœuds, pour toutes les fondations, le déplacement statique défini ci-avant. Cette méthode permet d'employer des ressorts élasto-plastiques qui limiteront les pressions du sol.

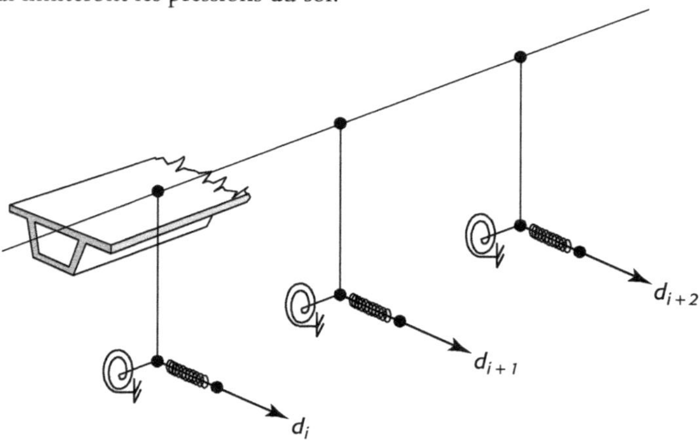

Figure 6.3. Modèle de calcul - méthode 1

b) *Méthode n° 2*

La raideur de chacune des fondations est représentée par une matrice. On effectue alors deux calculs :

- **Calcul 1** : On impose en tête de chaque appui une translation dans la direction du mouvement du sol et des rotations nulles en ayant enlevé le tablier du modèle ou en l'ayant très assoupli en flexion.

- **Calcul 2** : On injecte dans le modèle (non corrigé) l'opposé des réactions en tête de pile trouvées précédemment.

- On cumule les efforts des deux calculs précédents pour obtenir l'effet de la variation spatiale.

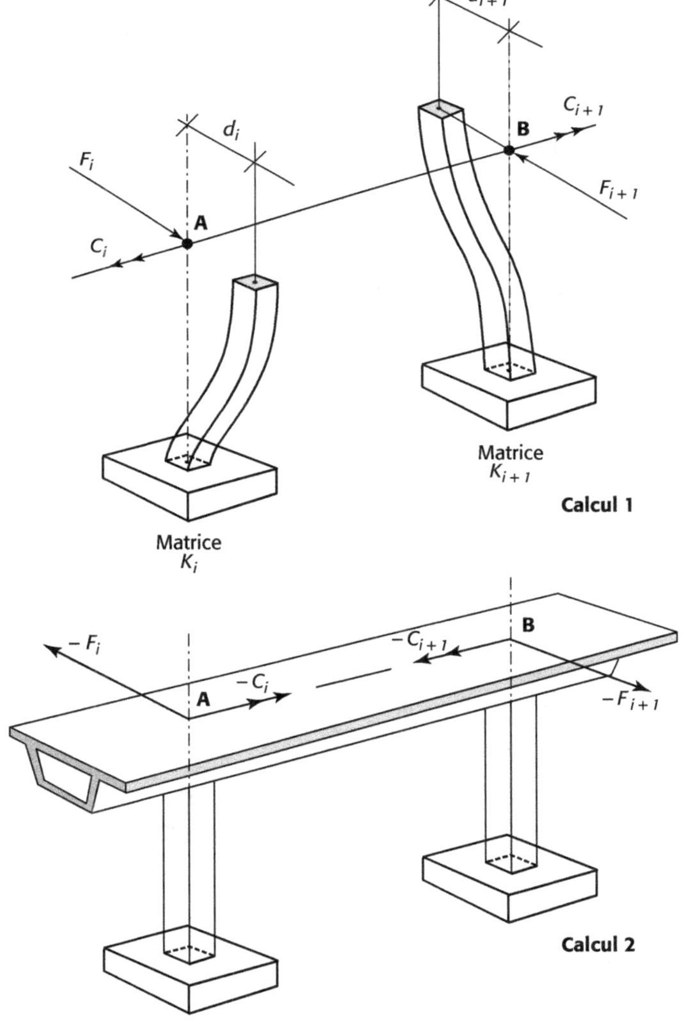

Figure 6.4. Modèle de calcul – méthode 2

6.1.3 Coefficients de comportement

La variabilité spatiale entraine des sollicitations dans l'ensemble de la structure qui, comme dans le cas des sollicitations dynamiques, seront limitées par l'apparition de rotules plastiques dans les piles.

En conséquence on adoptera les mêmes coefficients de comportement que ceux utilisés pour l'analyse dynamique, soit :

a) Ductilité limitée

- $q = 1$ pour les fondations profondes et les appareils d'appui ;
- $q = 1,5$ pour les semelles, les piles et le tablier.

b) Ductilité

- $q > 1,5$ pour la vérification des rotules plastiques ;
- dimensionnement en capacité pour toutes les autres parties de la structure.

6.1.4 Combinaisons

Pour la justification de la résistance, il faut combiner de manière quadratique par la méthode SSRS définie au § 4.1.2 :

- les efforts issus de l'analyse dynamique calculés avec le coefficient de comportement adopté ;
- les efforts dus à la variabilité spatiale (cas A ou B) avec le même coefficient de comportement.

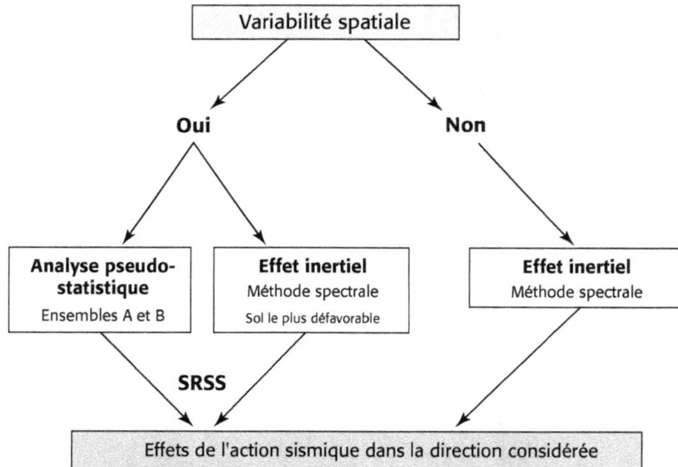

Nota : L'annexe D informative de l'EN 1998-2 présente des modèles de variabilité spatiale des mouvements sismiques et des méthodes d'analyse plus élaborés utilisables pour des ouvrages exceptionnels.

6.2 Déplacements différentiels des fondations profondes

D'après l'article 5.4.2(6)P de l'EN 1998-5, l'interaction cinématique fondation-sol n'est à prendre en compte que si toutes les conditions suivantes sont réunies **simultanément** :

- profil de sol de classe D, S_1 ou S_2 et qui contient des couches consécutives dont la rigidité diffère nettement ;

- $a_g S > 0,98$ m/s^2 ;

- structure de catégorie d'importance III ou IV.

6.2.1 Déplacements du sol

On considère le déplacement d_g du sol à la surface défini par les règles [EN 1998-1/§3.2.2.4] et une variation du déplacement en profondeur suivant la déformée du mode principal de vibration du sol. Dans le cas d'un sol homogène sur un substratum rocheux, cette déformée peut être assimilée à une sinusoïde (Figure 6.5) Des cas plus complexes nécessitent l'étude de la vibration en champ libre du sol pour évaluer la forme des modes.

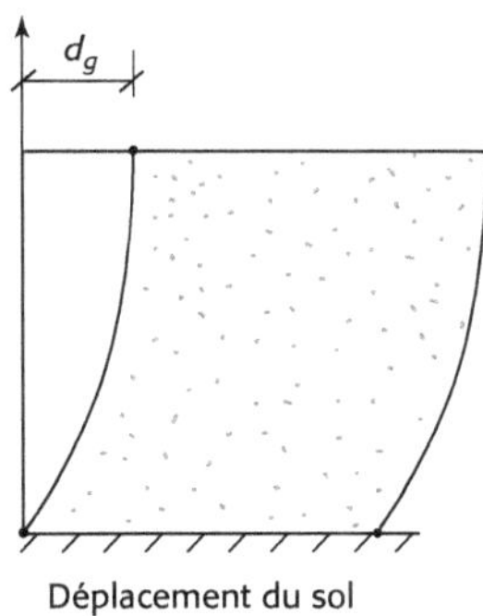

Figure 6.5. Déplacement du sol

6.2.2 Calcul des sollicitations cinématiques

Dans le cas le plus courant de pieux ou barrettes disposés en plusieurs files, les sollicitations cinématiques se limitent aux pieux ou barrettes et à la semelle qui forment l'équivalent d'un portique (Figure 6.6).

a) Un calcul pessimiste peut être réalisé en imposant directement les déplacements du sol aux pieux.

b) Un calcul plus précis peut être effectué avec un modèle comportant des ressorts horizontaux représentant le sol, à l'extrémité desquels on impose les déplacements ce qui diminuera les pressions du sol, voire les plafonnera si on utilise des ressorts élasto-plastiques. Les fondations profondes ne devant pas se plastifier, les efforts d'interaction ne doivent pas être divisés par un coefficient de comportement.

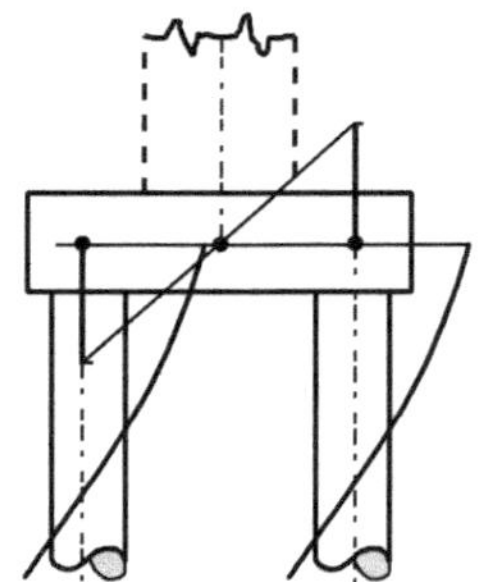

Figure 6.6. Sollicitations cinématiques

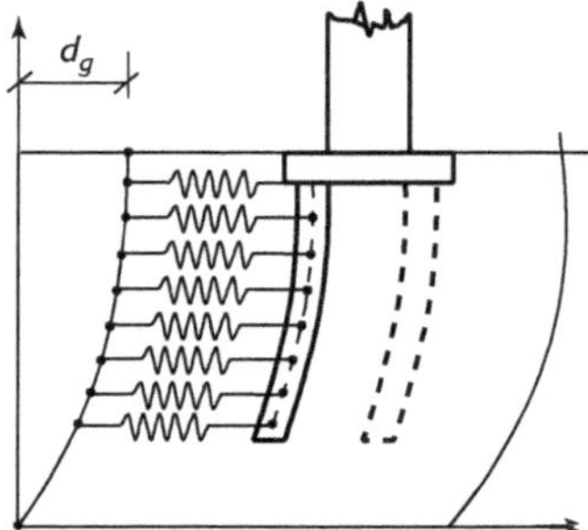

Figure 6.7. Modèle de calcul

6.2.3 Justification de la résistance

Pour la justification de la résistance, il faut combiner de manière quadratique par la méthode SSRS :

- les efforts issus de l'analyse dynamique calculés avec $q = 1$ en cas de ductilité limitée ou donnés par l'analyse en capacité en cas de conception ductile ;
- les efforts dus à la variabilité spatiale calculés avec $q = 1$ en cas de ductilité limitée ou donnés par l'analyse en capacité en cas de conception ductile ;
- les efforts dus à l'effet cinématique calculés avec $q = 1$.

CHAPITRE 7

Justification des ouvrages

7.1 Principes des justifications

Les justifications diffèrent suivant les deux niveaux de séisme à considérer :

Séisme de référence

Le non effondrement est requis. On effectuera des calculs du type ELU accidentel, suivant les règles générales, complétés par des vérifications spécifiques pour l'effort tranchant et les effets du second ordre.

Séisme ELS

Une minimisation des dommages est seule requise. On utilise un coefficient $q = 1$ et on effectue des vérifications du type ELS. Des vérifications de déplacement peuvent aussi être demandées.

7.2 Action sismique de calcul

L'action sismique de calcul A_{ED} résulte du cumul quadratique des résultats du calcul dynamique, du calcul pseudo statique pour la variabilité spatiale et de la déformation du sol en profondeur dans le cas des fondations profondes.

7.3 Autres actions concomitantes à l'action sismique [EN 1998-2/§5.5]

Les combinaisons de calcul peuvent faire intervenir les actions suivantes :

- G_k : actions permanentes (poids propres) avec leurs valeurs caractéristiques ;
- P_k : valeur caractéristique de précontrainte toutes pertes déduites ;
- Q_{1k} : valeur caractéristique de la charge due au trafic autoroutier ou ferroviaire (il convient d'appliquer les coefficients α_Q et α_q de l'EN 1991-2/NA/§4.3.2(3) ;
- Q_2 : valeur des actions de longue durée : poussées des terres, poussée hydrostatique, courants, etc. (quasi permanente en ELU et caractéristique en ELS) ;
- Q_3 : Déformations imposées (quasi permanente en ELU et caractéristique en ELS).

Dans les cas ductile comme ductile limité, il n'est pas nécessaire de considérer les déformations imposées compte tenu de leur ordre de grandeur par rapport aux déplacements engendrés par le comportement ductile.

Les actions du vent et de la neige sont négligées.

7.4 Combinaisons de calcul ELU [EN 1998-2/§5.5]

La valeur de calcul E_d des effets des actions en situation sismique de calcul doit être déterminée de la façon suivante :

a) *Cas général*

$$E_d = G_0 + \psi_{21}\, Q_{1k} + A_{ED}$$

Avec

$G_0 = G_k + P_k + Q_2$

$\psi_{21} = 0$ pour les passerelles piétonnes et les ponts à trafic normal, routier ou ferroviaire.

$\psi_{21} = 0{,}2$ pour les ponts routiers à trafic sévère (autoroutes ou routes d'importance nationale)

$\psi_{21} = 0{,}3$ pour les ponts ferroviaires à trafic sévère (ligne à grande vitesse et liaisons inter-villes)

b) *Cas particulier de l'isolation sismique*

$$E_d = G_0 + \psi_{21}\, Q_{1k} + A_{ED} + 0{,}5\, Q_3$$

On doit prendre en compte 50 % des effets de la température dans le cas de l'isolation sismique [EN 1998-2/§7.6.2.2(P)].

7.5 Vérifications à l'ELU

7.5.1 Effets du second ordre [EN 1998-2/§5.4]

Dans le cas de l'analyse élastique linéaire une méthode approchée est utilisée pour évaluer l'influence des effets du second ordre. Pour une combinaison sismique donnée, l'accroissement du moment fléchissant dans une section est donné par :

$$\Delta M = \frac{1+q}{2}\, d_{Ed}\, N_{Ed}$$

Avec :

d_{Ed} : déplacement transversal relatif entre la section étudiée et le point de moment nul de la pile

N_{Ed} : effort normal

q : coefficient de comportement.

7.5.2 Règles générales de vérification [EN 1998-2/§5.6.1]

a) *Sollicitations à considérer*

La vérification de la résistance d'une section en béton armé soumise à une sollicitation comportant plusieurs composantes (flexion composée déviée dans le cas le plus général), est considérée satisfaite si chaque valeur extrême (minimum ou maximum) de chacune des composantes est prise en compte avec la valeur concomitante de toutes les autres.

Il est bien sûr possible d'effectuer un calcul enveloppe en associant les valeurs extrêmes des composantes (*cf.* annexe C) mais des méthodes plus élaborées sont décrites dans les documents en références 1 et 16.

b) *La résistance en flexion et à l'effort tranchant s'effectue selon l'EN 1992-1-1/§6.1 et 6.2.*

c) *Matériaux*

Les zones des ouvrages en béton à comportement ductile où des rotules plastiques peuvent se former doivent être armées avec de l'acier de **classe C** conformément au tableau C.1 de l'EN 1992-1-1.

Les autres zones de ces ponts à comportement ductile, (dans lesquelles aucune rotule plastique ne peut se former du fait du dimensionnement en capacité) peuvent être armées avec de l'acier de classe B conformément au tableau C.1 de l'EN 1992-1-1. Il en est de même pour toutes les zones des ponts à ductilité limitée.

Les valeurs retenues pour les coefficients γ_M à utiliser pour la capacité résistante des sections sous l'action sismique de dimensionnement sont celles de la situation accidentelle : $\gamma_C = 1{,}30$ et $\gamma_S = 1{,}00$. [NF EN 1998-1/NA Clause 5.2.4 (3)]

Les éléments en acier doivent être conformes au §6.2 de l'EN 1998-1.

d) *Vérification du tablier*

Le tablier ne doit subir aucune plastification significative. Dans le cas de la conception ductile cette vérification doit être effectuée sous les effets du dimensionnement en capacité. Dans le cas de la conception ductile limitée elle doit être effectuée pour les sollicitations de calcul. La plastification en flexion du tablier est dite significative si l'armature de la dalle supérieure subit une plastification jusqu'à une distance, par rapport à son extrémité, égale à 10 % de la largeur de la dalle, ou jusqu'à la jonction de la dalle supérieure avec une âme.

On doit donc vérifier (figure 7.1) :

$$L_p < \min\left(0{,}1\,L_{\text{sup}} \; ; L_{\text{ext}}\right)$$

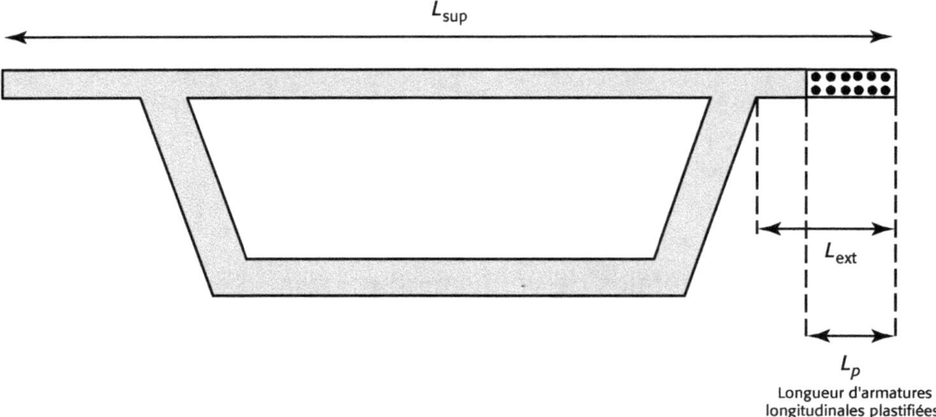

Figure 7.1. Vérification du tablier

7.5.3　Cas des structures à ductilité limitée

a) *Flexion* [EN 1998-2/§ 5.6.2]

La vérification à la flexion de toutes les sections des piles comme du tablier doit être effectuée selon l'EN 1992-1-1/§6.1, à partir des efforts A_{ED} correspondant à la situation sismique de calcul, (qui incluent les effets du second ordre, la variabilité spatiale et les effets cinématiques).

b) *Effort tranchant* [EN 1998-2/§ 5.6.2]

Les vérifications de la résistance à l'effort tranchant doivent être effectuées conformément à l'EN 1992-1-1/§ 6.2 avec les règles supplémentaires suivantes :

- La résistance doit être vérifiée à partir des efforts majorés q^*A_{ED}.
- Les valeurs des résistances $V_{Rd,c}$, $V_{Rd,s}$ et $V_{RD,\max}$ doivent être divisées par un coefficient de sécurité $\gamma_{Bd1} = 1{,}25$ pour éviter la rupture fragile par cisaillement.

c) *Fondations* [EN 1998-2/§ 5.8.2]

L'EN 1998-2/§ 5.8.2 préconise de vérifier les fondations à partir d'une sollicitation sismique calculée avec $q = 1$.

Cette disposition contredit la règle générale de l'EN 1998-5/§ 5.3.1 qui n'impose pas de surdimensionnement des fondations.

Pour les ouvrages d'art il est donc prescrit de l'appliquer à la vérification :
- des contraintes dans le sol sous les semelles superficielles ;
- de la force portante et de la résistance des fondations profondes.
- de la résistance des semelles superficielles ou sur pieux.

7.5.4   Cas des structures ductiles

a) *Flexion des rotules plastiques*

La vérification en flexion des rotules plastiques, doit être effectuée selon l'EN1992/1.1/§ 6.1, directement à partir des efforts sismiques A_{ED} correspondant à la situation sismique de calcul, en incluant les effets du second ordre, la variabilité spatiale et les effets cinématiques. **On ne tient donc pas compte des effets du dimensionnement en capacité pour la vérification des rotules plastiques.**

b) *Flexion des zones hors rotules plastiques*

La vérification en flexion des sections hors zones de rotules plastiques, doit être effectuée selon l'EN1992-1.1/§ 6.1, à partir des efforts sismiques déduits de l'analyse de dimensionnement en capacité.

c) *Effort tranchant des rotules plastiques* [EN 1998-2/§ 5.6.3.4]

Les vérifications de la résistance à l'effort tranchant doivent être effectuées selon l'EN1992-1.1/§ 6.2, avec les règles supplémentaires suivantes :

- Pour les piles dont le rapport de portée d'effort tranchant est supérieur à 2, on utilise les sollicitations déduites de la situation sismique de calcul et non pas du dimensionnement en capacité.

- Les valeurs des résistances $V_{Rd,c}$, $V_{Rd,s}$ et $V_{RD,\max}$ doivent être divisées par un coefficient de sécurité $\gamma_{Bd1} = 1{,}25$ pour éviter la rupture fragile par cisaillement.

- L'angle θ entre la bielle comprimée en béton et la membrure tendue principale est imposé à 45°.

- Les dimensions du noyau en béton confiné par le cadre extérieur doivent être utilisées en lieu et place des dimensions b_w et d.

- Pour les sections en béton circulaires les dimensions du noyau en béton confiné peuvent être utilisées au lieu de d dans les expressions appropriées de la résistance à l'effort tranchant.

- Pour les éléments dont le rapport de portée d'effort tranchant est inférieur à deux il convient d'utiliser les effets du dimensionnement en capacité et la pile doit être vérifiée par rapport à la traction diagonale [EN 1998-1/§ 5.5.3.4.3] et à la rupture par glissement [EN 1998-1/§ 5.5.3.4.4].

d) *Effort tranchant hors zone des rotules plastiques* [EN 1998-2/§ 5.6.3.3]

Les vérifications de la résistance à l'effort tranchant doivent être effectuées conformément à l'EN1992-1.1/§ 6.2 avec les règles supplémentaires suivantes :

- **Les effets des actions de calcul sont déduits de l'analyse du dimensionnement en capacité.**

- Les valeurs des résistances $V_{Rd,c}$, $V_{Rd,s}$ et $V_{RD,\max}$ doivent être divisées par un coefficient de sécurité $\gamma_{Bd1} = 1,25$ pour éviter la rupture fragile par cisaillement.

- Pour les sections en béton circulaires de rayon r où l'armature longitudinale est répartie sur un cercle de rayon r_s, la hauteur utile $d_e = r + \dfrac{2\,r_s}{\pi}$ peut être utilisée au lieu de d dans les expressions appropriées de la résistance à l'effort tranchant. La valeur du bras de levier interne z peut être supposée égale à $z = 0,9\,d_e$.

e) *Vérification des nœuds adjacents aux rotules plastiques*

Les nœuds pile-fondation ou pile-tablier doivent résister aux effets du dimensionnement en capacité de la rotule plastique dans la direction appropriée. Une méthode spécifique est donnée par l'EN 1998-2/§ 5.6.3.5.

7.6 Combinaisons de calcul ELS

La définition exacte de la combinaison d'action ELS doit être définie par le maître d'ouvrage (fraction de convoi à prendre en compte, freinage, …). On adoptera par exemple :

$$E_d = G_k \ll+\gg P_k \ll+\gg A_{ED} \ll+\gg \psi_{21} Q_{1k} \ll+\gg Q_2 \ll+\gg 0,6\,Q_3$$

« + » signifie « combiné à ».

7.7 Vérifications à l'ELS

7.7.1 Vérification de la résistance

On effectue un calcul en flexion du type ELS. Le but recherché étant la limitation des dommages, la définition des contraintes admissibles est du ressort du maitre d'ouvrage.On pourra par exemple considérer comme valeurs admissibles : $0,6\,f_{ck}$ pour le béton et une valeur entre $0,8\,f_{yk}$ et f_{yk} pour l'acier.

7.7.2 Vérification des déplacements

L'Eurocode ne préconise pas les critères de vérifications qui sont du ressort du maître d'ouvrage.

CHAPITRE 8

Maîtrise des déplacements
[EN 1998-2/§ 2.3.6.3]

Les dispositions constructives du pont et de ses composants doivent permettre de supporter les déplacements dans la situation sismique de calcul.

Ainsi des marges de débattement doivent être prévues pour la protection des éléments structuraux importants ou critiques. Ces marges doivent correspondre à la valeur de calcul totale du déplacement dans la situation sismique de calcul, d_{Ed}, déterminée comme suit :

$$d_{Ed} = d_E + d_G + \psi_2 d_T$$

d_E : déplacement sismique de calcul (*cf.* 2.2.9).

Les effets du second ordre doivent être pris en compte dans la détermination de la valeur de calcul totale du déplacement d_E dans la situation sismique de calcul, lorsque ces effets sont significatifs. On multiplie alors ce déplacement par le coefficient $\dfrac{1+q}{2}$.

d_G : déplacement différé dû aux actions permanentes et quasi-permanentes (par exemple post-tension, retrait et fluage pour les tabliers en béton)

d_T : déplacement dû à l'action thermique.

$\psi_2 = 0,5$: coefficient de combinaison applicable à la valeur quasi-permanente de l'action thermique, conformément au tableau A2.1 (routier), A2.2 (passerelle) ou A2.3 (ferroviaire) de l'EN 1990/A1

Nota : La prise en compte des mouvements thermiques dans le calcul des déplacements est indispensable dans le cadre de la détermination des repos d'appui alors qu'elle n'est pas forcément nécessaire pour le calcul des efforts dus au séisme ELU.

CHAPITRE 9

Dispositions constructives

9.1 Règles générales

Les règles suivantes s'appliquent pour les deux types de conception, ductile ou ductile limité.

9.1.1 Armatures pour le béton armé [EN 1998-2/§5.2.1]

- Pour la conception en ductilité limitée les armatures doivent être de catégorie B.
- Pour la conception ductile les armatures doivent être de catégorie C, au moins dans les zones de rotules potentielles

Les catégories B et C sont définies par l'EN1992-1-1 Annexe C, soit :

	Catégorie B	Catégorie C
Allongement sous force maximum	> 5 %	> 7,5 %
Rapport k des contraintes ultimes / élastiques	> 1,08	> 1,15

9.1.2 Longueurs d'ancrage et de recouvrement des armatures

Il n'y a pas de dispositions spécifiques pour le cas du séisme, on applique donc uniquement les règles courantes.

9.1.3 Principe des renforcements

Des dispositions spécifiques au séisme ne sont à prévoir que dans les zones ou des rotules plastiques pourraient éventuellement se développer, soit :

   – à l'encastrement des piles ;

– dans les fondations profondes.

Les règles de calcul des efforts (limitation de q à 1,5, ou dimensionnement en capacité) rendent en effet improbable l'apparition de rotules en dehors de ces éléments

Pour le béton armé, seul cas traité dans les règles, ces dispositions consistent principalement à renforcer les armatures transversales de manière à :

– confiner le béton pour qu'il puisse admettre de grandes déformations relatives
– maintenir les armatures longitudinales pour les empêcher de flamber

9.1.4   Armatures transversales de confinement des piles

Pour les zones de rotules potentielles (cas ductile) ou critiques (cas ductile limité), il peut s'avérer nécessaire d'améliorer la déformabilité du béton en compression au-delà des 0,35 % usuels, en renforçant les armatures transversales .Les critères permettant de se dispenser de ces renforts sont décrits ci –après pour les deux types de ductilité.

a) *Hauteur de confinement L_h* [EN 1998-2/§6.2.1.5]

Les rotules plastiques sont définies sur une certaine longueur, notée L_h, (à utiliser **uniquement** pour les dispositions constructives et non pour estimer la rotation de la rotule). Deux cas peuvent se produire suivant la valeur de l'effort normal réduit $\eta_k = \dfrac{N_{ED}}{A_C f_{ck}}$:

1er cas : $\boxed{\eta_k \leq 0,3}$

$$L_h = L_{h1} = \max (L_1, L_2)$$

L_1 : hauteur de la section droite de la pile
L_2 : distance entre le point de moment maximum et le point où le moment de calcul est égal à 80 % de la valeur du moment maximum

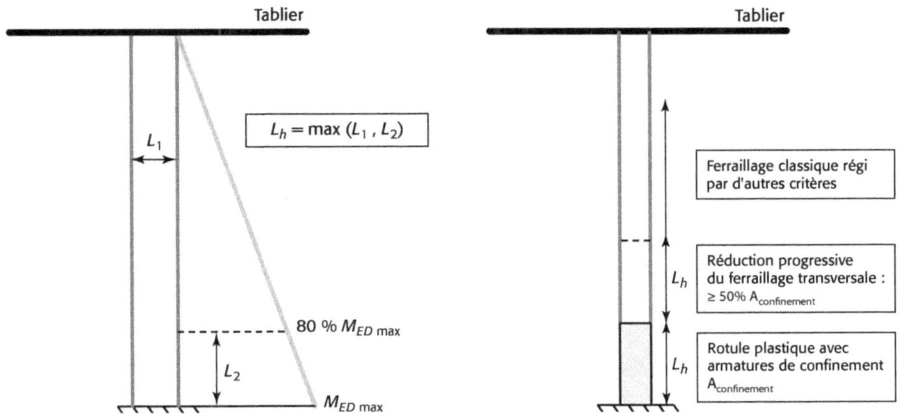

Figure 9.1. Détermination de L_h

Figure 9.2. Principe de ferraillage d'une pile avec rotule plastique

2ᵉ cas : $\boxed{0,3 \leq \eta_k \leq 0,6}$

$$L_h = 1,5 \times L_{h1}$$

Les dispositions constructives exposées ci-dessous doivent être appliquées sur toute la longueur L_h de la rotule plastique. Au-delà de cette longueur, la quantité d'armatures peut être réduite progressivement sur une longueur L_h supplémentaire, sans toutefois que cette réduction excède 50 %.

b) *Armatures de confinement autorisées* [EN 1998-2/§6.2.1.4-(1)P]

Le confinement est réalisé grâce à l'utilisation de frettes et/ou épingles rectangulaires et de cadres circulaires. L'annexe nationale interdit l'utilisation de spires hélicoïdales.

- Répartition transversale du confinement [EN 1998-2/§6.2.1.1-(4)P]

L'espacement horizontal entre deux épingles ne doit pas excéder 20 cm ou le tiers de la largeur du noyau fretté (voir figure 9.3).

Le confinement n'est pas systématiquement requis sur la totalité de la section de béton armé, mais uniquement sur toute la surface où la déformation en compression dépasse la moitié de la déformation extrême (voir figure 9.4).

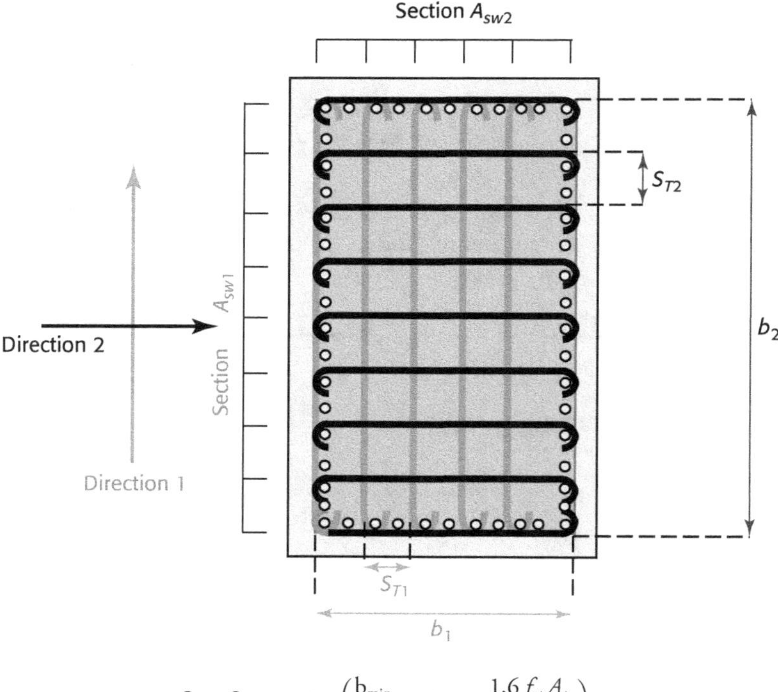

$$S_{T1}, S_{T2} \leq \min \left(\frac{b_{min}}{3}, 0,2 \text{ m}, \frac{1,6 f_{yt} A_t}{(\Sigma A_s) f_{ys}} \right)$$

Figure 9.3. Espacements transversaux

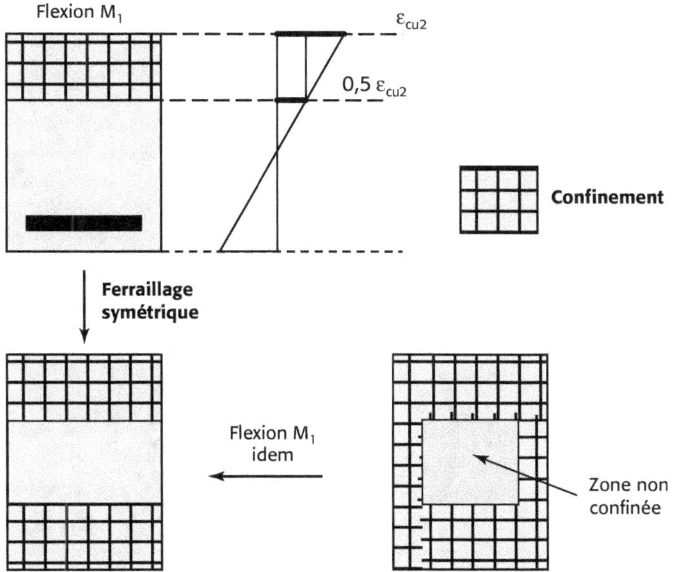

Figure 9.4. Définition de la zone de confinement

- Espacement longitudinal S_L des cadres

L'espacement des cadres doit être inférieur à 6 fois le diamètre d_{bl} des barres verticales et 1/5 de la dimension minimale du noyau fretté

Nota : en fait les règles applicables aux épingles d'anti-flambement imposent une limitation de 5 d_{bl} environ, donc plus pessimiste.

- Quantité d'armatures de confinement requises [EN 1998-2/§6.2.1.4]

La quantité d'armatures de confinement **dans chacune des directions de confinement** est caractérisée par le rapport mécanique d'armatures ω_{wd} :

$$\omega_{wd} = \rho_w \frac{f_{yd}}{f_{cd}}$$

f_{yd} et f_{cd} représentant la résistance de calcul de l'acier et du béton.

Dans le cas des cadres :

$$\rho_{wi} = \frac{A_{swi}}{s_L \, b_i} \quad \text{avec}$$

– A_{swi} section totale des cadres ou des épingles selon la direction du confinement considéré. Les barres inclinées d'un angle $\alpha > 0$ par rapport à la direction à laquelle ρ_w fait référence, doivent être comptabilisées dans le calcul de la section totale A_{swi} avec leur section multipliée par cos α ;

– S_L espacement longitudinal entre les cadres ;

– b_i est la dimension du noyau en béton perpendiculairement à la direction du confinement considérée, mesurée **aux nus extérieurs des cadres.**

Dans le cas des cerces :

$$\rho_w = \frac{A_{sp} * \pi D_{sp}}{\dfrac{\pi D_{sp}^2}{4} * s_L} = \frac{4 A_{sp}}{D_{sp}\, s_L}$$

– A_{sp} est la section des cerces ;
– D_{sp} est le diamètre des cerces ;
– S_L est l'espacement des cerces.

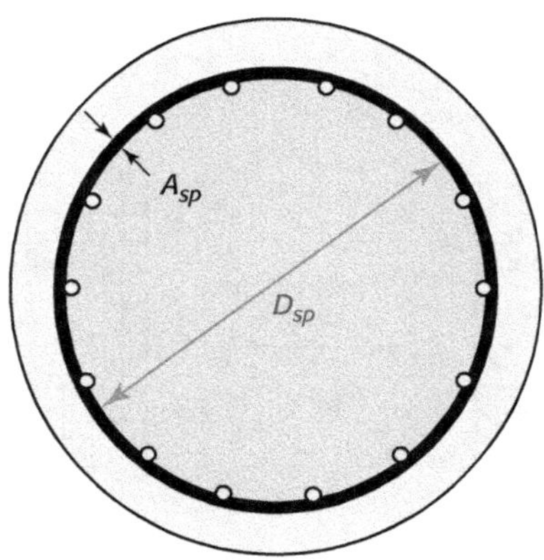

Figure 9.5. Définition de D_{sp} et A_{sp}

La quantité minimale d'armatures de confinement doit être déterminée comme suit :

Cadres et épingles : $\quad w_{wd,r} \geq \max\left(w_{w,req} \; ; \; \dfrac{2}{3}\, w_{w,\min}\right)$

Cerces : $\quad w_{wd,c} \geq \max\left(1{,}4\, w_{w,req} \; ; \; w_{w,\min}\right)$

Avec

$$w_{w,req} = \frac{A_c}{A_{cc}}\, \lambda \eta_k + 0{,}13\, \frac{f_{yd}}{f_{cd}}\, (\rho_L - 0{,}01)$$

Où

– A_c est la surface de la section brute de béton
– A_{cc} est la surface de béton confinée (noyau) de la section mesurée par rapport à l'axe des frettes
– ρ_L est le pourcentage d'armatures longitudinales
– $w_{w,\min}$ et λ sont spécifiés dans le tableau suivant :

Comportement sismique	λ	$W_{w,\min}$
Ductile	0,37	0,18
Ductilité limité	0,28	0,12

Des cerces enchevêtrées peuvent être utilisées pour des sections proches du rectangle. Dans ce cas la distance entre les centres des cerces enchevêtrées ne doit pas dépasser 0,6 fois leur diamètre D_{sp} :

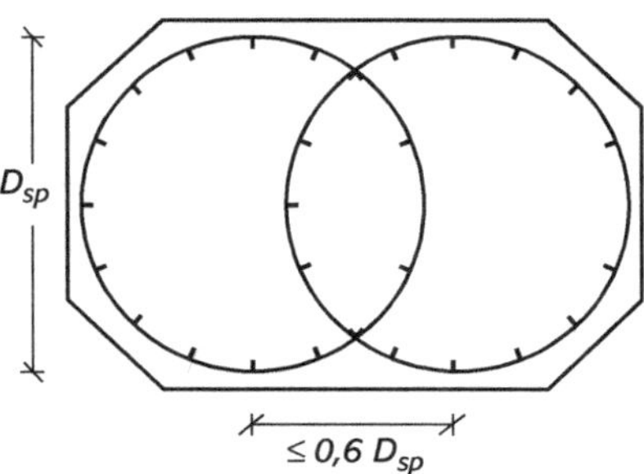

Figure 9.6. Disposition typique utilisant des cerces enchevêtrées

9.1.5 Armatures transversales anti-flambement

Dans les zones des rotules plastiques potentielles des dispositions doivent éventuellement être prises pour éviter le flambement des armatures.

a) *Espacement des armatures transversales*

Les armatures verticales des piles (diamètre d_{bl}) présentent un risque de flambement si elles sont fortement comprimées, surtout si elles ont auparavant été plastifiées en traction.

Ce risque est évité si on les maintient par des armatures transversales d'espacement vertical d tel que $5 < d/d_{bl} = 2,5\,k + 2,25 < 6$ avec k : rapport de la résistance maximum de l'acier à sa limite élastique.

Avec les valeurs minimum garanties de k, on obtient :

$$d = 4,95\,d_{bl}\,(\text{acier B}) \quad \text{et} \quad d = 5,1\,d_{bl}\,(\text{acier C})$$

b) *Section des épingles et des cadres*

La section minimale A_t/S_t d'une épingle, ou d'une branche de cadre, maintenant une ou plusieurs barres verticales de section totale ΣA_s est donnée en mm²/m par :

$$\frac{A_t}{S_t} = \Sigma\,A_s\,\frac{f_{ys}}{1,6\,f_{yt}}\,(\text{mm}^2/\text{m})$$

 – A_t : section d'un brin de l'épingle, **en mm²** ;
 – S_t : distance horizontale entre épingles en m ;
 – ΣA_s : Somme des sections des barres longitudinales maintenues par l'épingle, **en mm²** ;
 – f_{yt} : contrainte élastique de l'épingle ;
 – f_{ys} : contrainte élastique des armatures longitudinales.

c) *Détails de ferraillage*

Les barres longitudinales doivent toutes être maintenues, ce qui, suivant l'EN-1998-2/§ 6.2.2, peut se réaliser de l'une des manières suivantes :

Solution 1

Un cadre périphérique tenu par des épingles intermédiaires de manière alternée en différents emplacements des barres longitudinales, avec un espacement transversal S_t ne dépassant pas 200 mm.

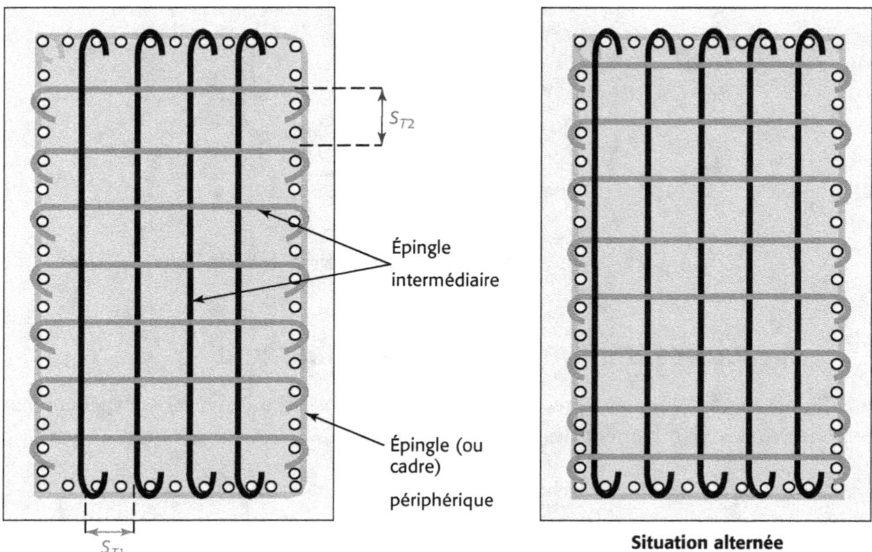

Figure 9.7. Maintien des barres longitudinales

Dans les sections de grandes dimensions, le cadre périphérique peut être réalisé par recouvrement en utilisant une longueur de recouvrement appropriée complétée par des crochets :

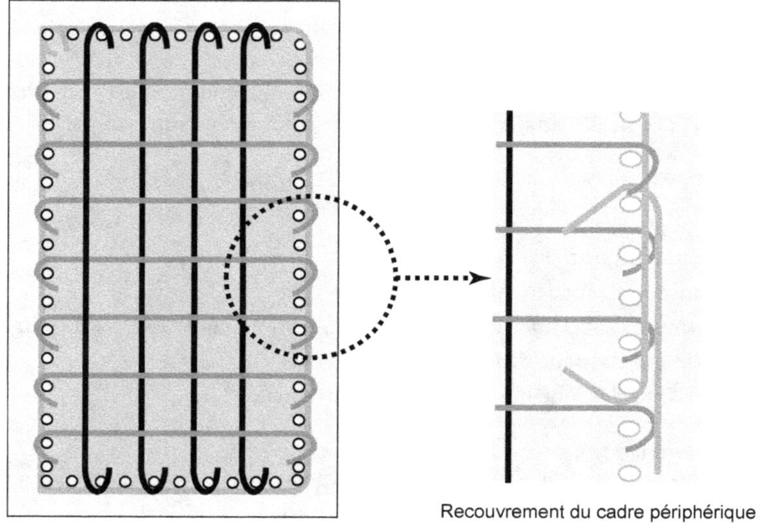

Figure 9.8. Détail du recouvrement du cadre périphérique

Les épingles doivent respecter les règles suivantes en fonction de l'effort normal réduit η_k :

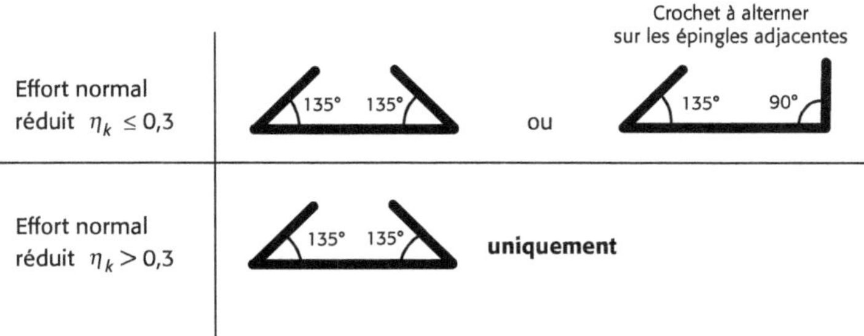

Figure 9.9. Choix des épingles en fonction de l'effort normal réduit

Les épingles comportant deux crochets à 135° peuvent comporter un recouvrement droit.

Solution 2

Des épingles « recouvrantes » (en deux morceaux) disposées de sorte que chaque armature d'angle et au moins une barre longitudinale interne sur deux soit maintenue par un brin. Il convient que l'espacement transversal s_T des brins n'excède pas 200 mm.

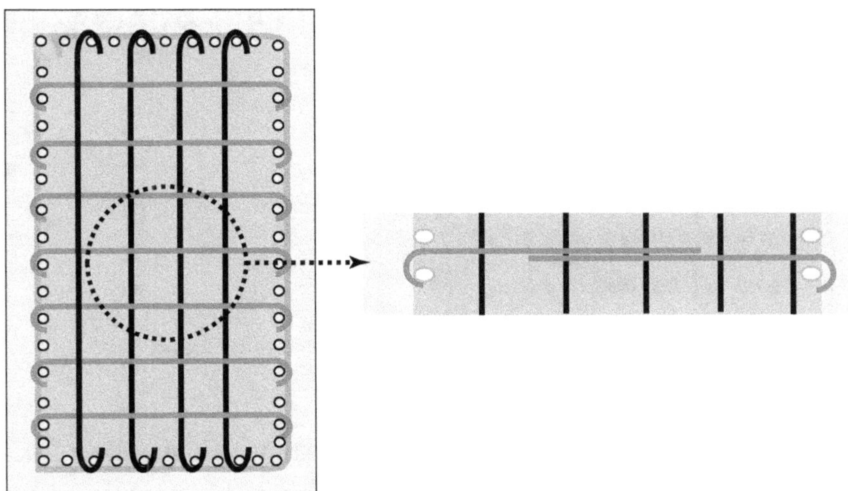

Figure 9.10. Épingles recouvrantes

Nota 1 : Bien que le règlement soit muet sur ce sujet, il nous parait souhaitable de prendre en compte pour la solution 2 l'alternance de position des épingles, le recouvrement par crochets des branches de cadre le long des parements, ainsi que les règles sur les crochets décrites ci-dessus. Cela revient alors finalement à adopter la solution 1.

Nota 2 : Les règles décrites ci-dessus pour les armatures anti-flambement doivent aussi être appliquées pour les armatures de confinement.

9.1.6 Piles creuses [EN 1998-2/§ 6.2.4]

Dans le cas des caissons rectangulaires ou circulaires, le rapport b/h de la dimension du vide b et de l'épaisseur de la paroi ne doit pas excéder une valeur de 8. Cette règle est facultative dans le cas des zones de sismicité faible.

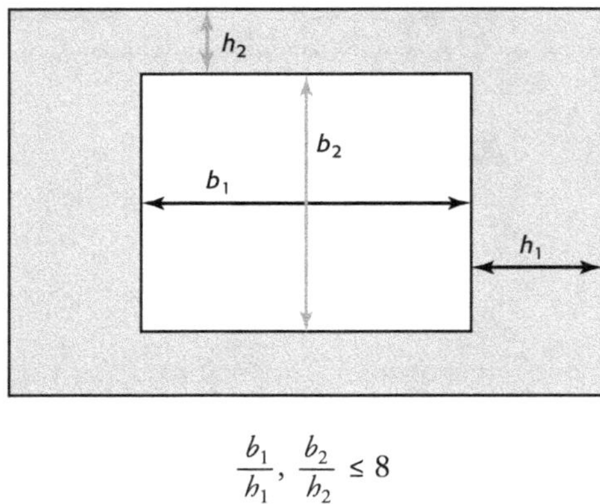

$$\frac{b_1}{h_1}, \ \frac{b_2}{h_2} \le 8$$

Figure 9.11. Dispositions pour les piles creuses hors zone de sismicité faible

9.2 Cas de la conception en ductilité limitée [EN 1998-2/§6.5]

9.2.1 Confinement du béton

Le confinement du béton n'est pas requis **si l'une** des conditions suivantes est remplie :

* **zones à faible sismicité** ($a_{gr} = 0{,}7$ m/s²)

* $\eta_k = \dfrac{N_{ED}}{A_C f_{ck}} < 0{,}08$ (cas général)

* $\eta_k = \dfrac{N_{ED}}{A_C f_{ck}} < 0{,}2$ (si la pile est creuse et respecte la règle du § 9.1.6)

* $\dfrac{M_{Rd}}{M_{Ed}} \ge 1{,}30$ avec :

    – M_{Rd} est la résistance à la flexion de la section dans la situation sismique de calcul

    – M_{Ed} est le moment de calcul maximal au droit de la section dans la situation sismique de calcul

* si une ductilité en courbure de 7 peut être atteinte aves des déformations ne dépassant pas 0,35 % pour le béton et 5 % pour l'acier classe B (ou 7,5 % si de l'acier classe C est utilisé).

Si aucun de ces critères n'est vérifié on devra renforcer les armatures transversales sur la hauteur L_h à confiner, et sur une hauteur supplémentaire L_h avec des sections plus faibles (Voir § 9.1.4).

9.2.2   Armatures anti-flambement

Les dispositions contre le flambement ne sont requises que si le confinement du béton est nécessaire.

Ces dispositions devront régner sur toute la hauteur confinée $2L_h$.

9.3   Cas de la conception ductile

9.3.1   Armatures verticales [EN 1998-2/§ 6.2.3]

La jonction des armatures longitudinales par recouvrement ou par soudure à l'intérieur des zones de rotules plastiques n'est pas autorisée. Les coupleurs sont autorisés s'ils sont validés par des essais appropriés, réalisés dans des conditions compatibles avec la classe de ductilité retenue.

9.3.2   Confinement

Le confinement du béton n'est pas requis si l'une des conditions suivantes est remplie :

- $\eta_k = \dfrac{N_{ED}}{A_C f_{ck}} < 0,08$ (cas général) ;
- $\eta_k = \dfrac{N_{ED}}{A_C f_{ck}} < 0,2$ (si la pile est creuse et respecte la règle du § 9.1.6) ;
- une ductilité en courbure de 13 peut être atteinte aves des déformations ne dépassant pas 0,35 % pour le béton et 7,5% pour l'acier de classe C imposé pour la conception ductile.

Si aucun de ces critères n'est vérifié on devra renforcer les armatures transversales sur la hauteur L_h à confiner, et sur une hauteur supplémentaire L_h avec des sections réduites (Voir § 9.1.4).

9.3.3   Anti-flambement

Les dispositions contre le flambement sont nécessaires, que le béton soit confiné ou non. On renforcera donc les armatures transversales en conséquence sur une hauteur $2L_h$ (béton confiné) ou L_h (béton non confiné).

9.4   Fondations

9.4.1   Fondations superficielles [EN 1998-2/§ 6.4.1]

Ces éléments ne devant pas présenter d'incursions dans le domaine plastique des matériaux sous l'effet de l'action sismique de calcul, leur ferraillage ne nécessite aucune disposition constructive spécifique.

9.4.2   Fondations sur pieux [EN 1998-2/§6.4.2]

La recommandation est : « Lorsqu'il est impossible d'éviter une plastification localisée dans les pieux par l'utilisation du dimensionnement en capacité, l'intégrité des pieux et le comportement ductile doivent être assurés. ».

Il nous parait légitime de l'appliquer de la manière suivante :

a) *Cas de la ductilité limitée*

Dans le cas de la ductilité limitée le calcul des efforts est fait avec un coefficient $q = 1$ et aucune disposition constructive particulière n'est à prévoir.

b) *Cas de la conception ductile*

Il convient de concevoir les têtes de pieux adjacentes à la semelle comme emplacement de rotules plastiques potentielles.

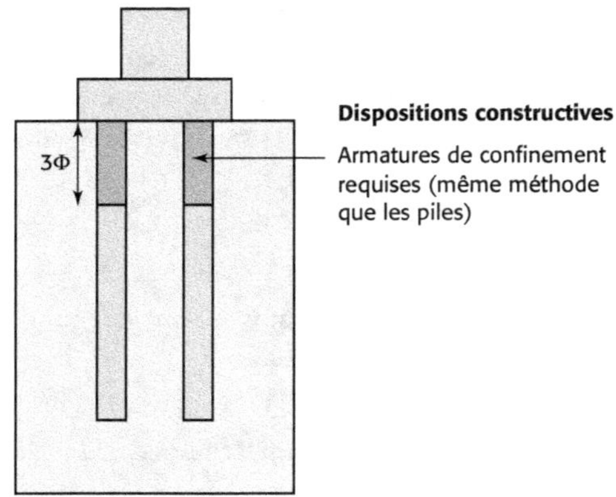

Figure 9.12. Rotules plastiques potentielles en tête de pieux

D'autres zones doivent tout de même faire l'objet de précautions particulières :

Cas a :

À la profondeur à laquelle le moment fléchissant maximum est atteint dans le pieu. Il convient d'évaluer cette profondeur au moyen d'une analyse tenant compte de la rigidité en flexion effective des pieux, de la rigidité latérale du sol et de la rigidité de rotation du groupe de pieux au droit de la semelle.

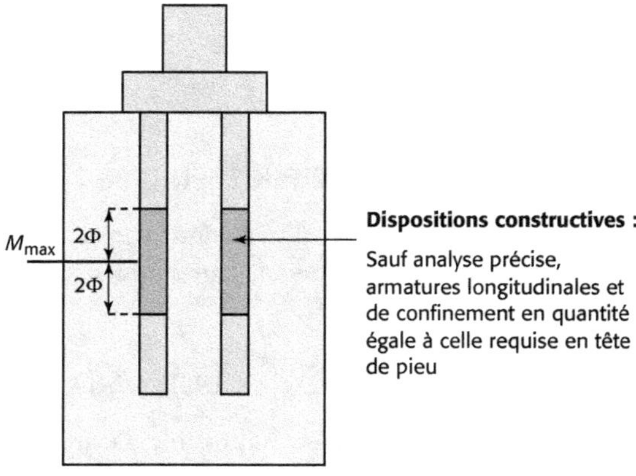

Figure 9.13. Dispositions constructives en zones de moment maximum

Cas b :

Si l'interaction cinématique pieu-sol doit être prise en compte (voir § 6.2) des dispositions spéciales de ferraillage sont requises à l'interface des couches de sol ayant des déformabilités au cisaillement sensiblement différentes.

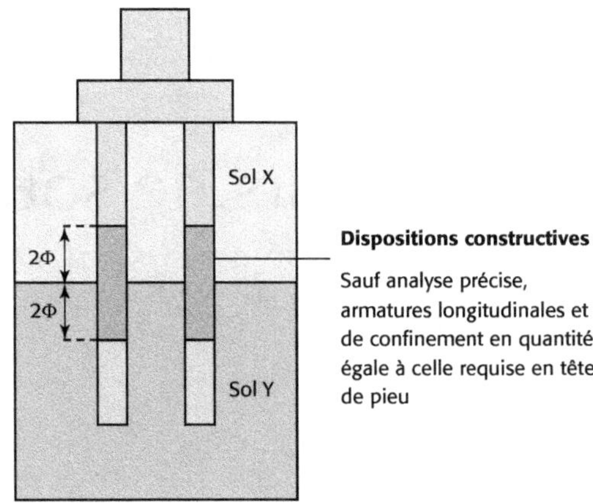

Figure 9.14. Dispositions constructives dans le cas de couches de sol hétérogènes

CHAPITRE 10

Culées et murs de soutènement

[EN 1998-2/§ 6.7]

10.1 Règles générales

- Les culées doivent se comporter de manière essentiellement élastique sous l'effet de l'action sismique. On les calculera donc en ductilité limitée ($q < 1,5$) ou avec $q = 1$ selon les cas.
- Les fondations doivent être vérifiées avec $q = 1$. Cela concerne la résistance du sol sous les fondations superficielles ou bien la force portante et la résistance des fondations profondes.

On distingue deux types de culées suivant la nature de la liaison horizontale avec le tablier.

10.2 Culées connectées au tablier de manière flexible

Il s'agit des culées munies d'appareils d'appui glissants ou en élastomère.

La culée doit être dimensionnée en additionnant les sollicitations suivantes supposées agir en phase :

1/ Les forces horizontales d'inertie F_1 et F_2 agissant sur les masses M_C et M_R de la culée et du remblai sur le débord des semelles qui peuvent être calculées :

- Soit avec un modèle dynamique prenant en compte les masses et la raideur du sol et dans ce cas divisées par q.
- Soit prises égales à : $\quad F_1 = M_C\, a_g\, S \quad$ et $\quad F_2 = M_R\, a_g\, S$

Dans ce dernier cas l'amplification dynamique n'est pas prise en compte et il nous semble alors prudent de ne pas diviser ces efforts par q.

2/ La poussée des terres F_3 en cas de séisme calculée par la méthode de Mononobé Okabé décrite ci-après qui suppose un déplacement notable (plusieurs centimètres), dont il faut tenir compte pour définir le joint entre le tablier et la culée. Si la culée n'est pas suffisamment monolithique pour supporter ce déplacement sans désordre, la partie dynamique de la force F_3 doit être majorée de 30 %.

3/ La force F_4 transmise par les appuis, calculée :
- si le tablier est de conception ductile limitée :
  - à partir du coefficient de frottement des appuis glissants ;
  - à partir du déplacement maximum des appuis en élastomère ;
- si le tablier est de conception ductile
  - à partir de ces efforts majorés de 30 %.

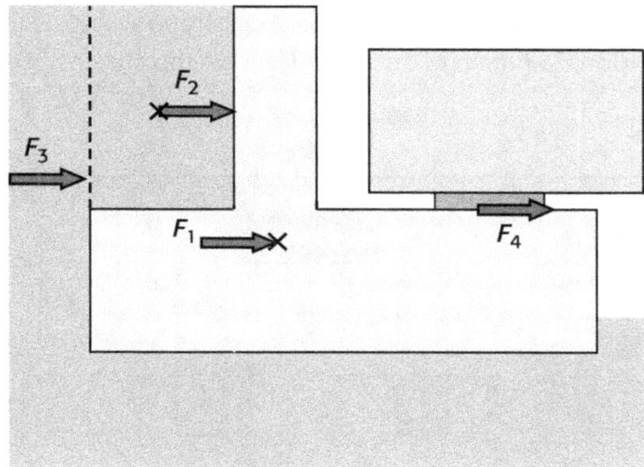

Figure 10.1. Dimensionnement des culées flexibles

10.3   Culées connectées au tablier de manière rigide

Il s'agit des culées munies d'appareils d'appui fixes peu déformables, de butées sismiques, ou liées au tablier de façon monolithique. Ce type de conception est courante pour les ponts ferroviaires qui comportent souvent un point fixe disposé sur les culées.

a) *Culées enterrées dans un sol raide sur plus de 80% de leur hauteur*
Les forces d'inertie dans la culée et le tablier sont calculées avec une accélération $a_g S$ (c'est-à-dire sans amplification dynamique).
Un coefficient $q = 1$ doit être utilisé.

b) *Autres cas*

- Un comportement à ductilité limitée doit être adopté ($q \leq 1{,}5$).

- Le modèle de calcul du pont doit prendre en compte les masses de la culée et des terres sur le débord des semelles, et la raideur de la culée qui dépend essentiellement des caractéristiques du terrain. L'utilisation de valeurs limites supérieure et inférieure de la raideur du sol est recommandée [EN 1998-2/§6.7.3(2)]. Ce modèle permet le calcul des efforts dynamiques qui, combinés par la méthode SSRS avec les efforts dus à la variabilité spatiale, donnent finalement les « efforts sismiques de calcul ».

- La poussée des terres derrière les culées est évaluée, comme dans le cas des culées « flexibles », suivant la méthode de Mononobé Okabé décrite ci-après. Elle doit être additionnée aux « efforts sismiques de calcul » sans être divisée par q car elle représente une valeur limite ne dépendant pas du comportement du pont..

- Dans le cas où les deux culées sont du type « rigide », la variation de poussée des terres derrière les culées due au séisme $\Delta Ed = E_0 - E_d$ est supposée agir dans la même direction (soit une augmentation de poussée sur une culée, une diminution sur l'autre)

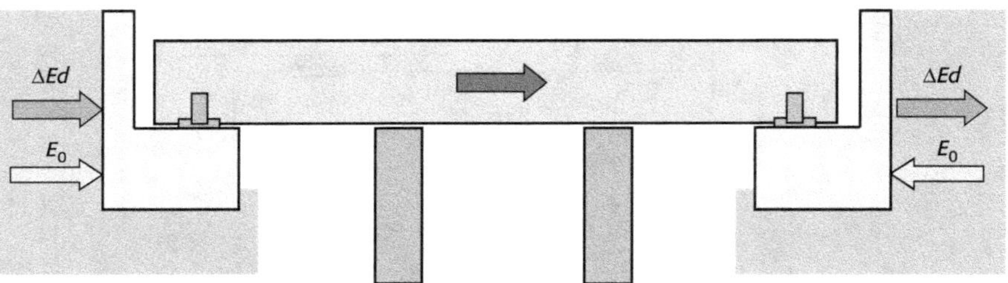

Figure 10.2. Application de la poussée de terres pour deux culées « rigides »

Actions considérées :

E_0 : poussée statique des terres agissant sur les deux culées (E_0).

E_d : poussée sismique déterminée par Mononobé Okabé.

$\Delta Ed = E_0 - E_d$.

- Le déplacement sismique de calcul ne doit pas dépasser une valeur limite pour que les détériorations du sol ou du remblai derrière les culées restent dans des limites acceptables :

Catégorie d'importance du pont	Déplacement limite d_{lim} (mm)
III	30
II	60
I	Aucune limitation

Tableau 10.1. Déplacement sismique limite de calcul pour les culées rigides

10.4 Poussée des terres. Méthode de Mononobé Okabé [EN1998-5/annexe E]

10.4.1 Généralités

a) *Principe de la méthode*

La méthode de Mononobé Okabé consiste à calculer l'équilibre d'un massif pulvérulant soumis de manière supposée statique à l'accélération de la pesanteur complétée par les accélérations horizontale et verticale du sol, soit une accélération résultante inclinée par rapport à la verticale d'un angle θ. Cela revient en pratique à utiliser les formules usuelles d'équilibre d'un massif en tenant compte d'une rotation d'angle θ.

b) *Point d'application*

En l'absence d'étude plus détaillée, le point d'application de la force correspondant à l'incrément dynamique (et non à la poussée totale statique + dynamique) doit être pris à mi-hauteur du mur.

c) *Prise en compte de la poussée hydraulique* [EN1998-5/§ 7.3.2.3]

Suivant la perméabilité du sol, l'eau est supposée libre ou non de se déplacer par rapport au squelette solide.

Pour les sols perméables dans les conditions dynamiques (par exemple $K > 5.10^{-3}\,\mathrm{m.s^{-1}}$), il convient d'ajouter une pression hydrodynamique à la pression hydrostatique. Le point d'application de cette pression hydrodynamique peut être pris, par rapport à la face supérieure de la couche saturée, à une profondeur égale à 60 % de l'épaisseur de cette couche.

Les sols imperméables ($K < 5.10^{-4}\,\mathrm{m.s^{-1}}$) se comportent de manière essentiellement non drainée et peuvent être traités comme un milieu monophasique.

10.4.2 Évaluation de la poussée des terres [EN1998-5/annexe E]

La force de poussée ou de butée d'un sol sans cohésion est évaluée conformément à l'annexe normative E de l'EN1998-5.

$$F_a = \frac{1}{2}\,\gamma^*\,(1 \pm k_v)\,K\,H^2 + E_{ws} + E_{wd}$$

Où

- H est la hauteur du mur ;
- γ^* est le poids volumique du sol ;
- k_v est le coefficient sismique vertical, k_h le coefficient sismique horizontal ;
- K est le coefficient de poussée des terres (statique + dynamique) donné par la formule de Mononobé Okabé ;
- E_{ws} est la poussée statique de l'eau ;

- E_{wd} est la pression hydrodynamique.

Les coefficients sismiques horizontaux k_h et verticaux k_v affectant toutes les masses doivent être pris égaux à :

$$k_h = \frac{a_g}{g} \cdot S$$

$$k_v = \pm\, 0{,}5\, k_h$$

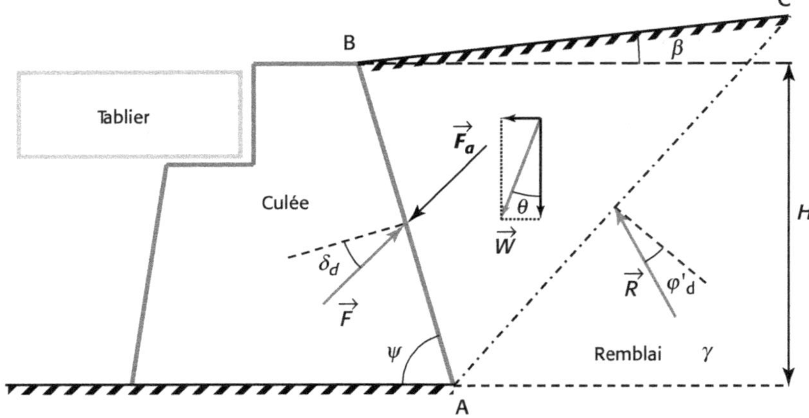

Figure 10.3. Définition des angles

Définition des angles :

- ψ et β sont les angles d'inclinaison de la face arrière du mur et de la surface du remblai par rapport à l'horizontale.

- ϕ'_d est la valeur de calcul de l'angle de frottement définie par :

$$\phi'_d = \tan^{-1}\left(\frac{\tan \phi'}{\gamma_{\phi'}}\right).$$

- δ_d est la valeur de calcul de l'angle de frottement entre le sol et le mur définie par :

$$\delta_d = \tan^{-1}\left(\frac{\tan \delta}{\gamma_{\phi'}}\right).$$

Avec :

- ϕ' l'angle de frottement du sol en terme de contrainte effective
- δ l'angle de frottement entre le sol et le mur
- $\gamma_{\phi'} = 1{,}25$ coefficient de sécurité sur ϕ' et δ [EN 1998-5/§ 3.1-3]

Nota : La valeur de l'angle δ de frottement entre le sol et le mur est plus faible en régime dynamique qu'en statique. Il conviendra de prendre un angle inférieur à $2\phi'/3$ pour la poussée et nul pour la butée [EN 1998-5/§ 7.3.2.3 (6)P].

- θ est l'angle d'inclinaison de l'accélération apparente défini ci-après.

Cas de la poussée

Si $\beta \le \phi'_d - \theta$

$$K = \dfrac{\sin^2 (\psi + \phi'_d - \theta)}{\cos \theta \sin^2 (\psi)\, \sin(\psi - \theta - \delta_d) \left[1 + \sqrt{\dfrac{\sin (\phi'_d + \delta_d)\, \sin (\phi'_d - \beta - \theta)}{\sin (\psi - \theta - \delta_d)\, \sin (\psi + \beta)}}\, \right]^2}$$

Si $\beta > \phi'_d - \theta$

$$K = \dfrac{\sin^2 (\psi + \phi'_d - \theta)}{\cos \theta \sin^2 \psi\, \sin(\psi - \theta - \delta_d)}$$

Note : il existe une erreur dans le texte français de l'Eurocode 8-5 Annexe E4. Un signe − est à remplacer par un signe + dans l'expression du $\sin (\phi'_d + \delta_d)$.

Cas de la butée

$$K = \dfrac{\sin^2 (\psi - \phi'_d + \theta)}{\cos \theta \sin^2 \psi\, \sin(\psi + \theta) \left[1 - \sqrt{\dfrac{\sin \phi'_d\, \sin (\phi'_d + \beta - \theta)}{\sin (\psi + \theta)\, \sin (\psi + \beta)}}\, \right]^2}$$

Prise en compte de l'action de l'eau

- Sol **au-dessus** de la nappe :

  $\gamma^* = \gamma$

  $\tan \theta = \dfrac{k_h}{1 \pm k_v}$

  γ est le poids volumique total du sol saturé.

  $E_{ws} = 0$

  $E_w = 0$

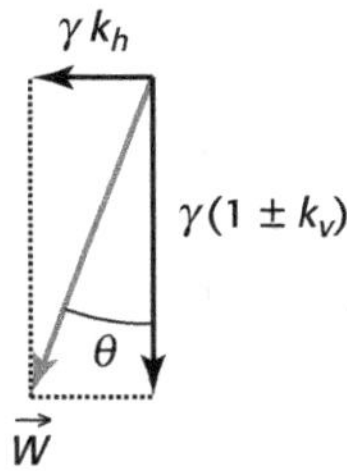

- Sol situé sous nappe, **imperméable** dans les conditions dynamiques

  $\gamma^* = \gamma - \gamma_w$

  $\tan \theta = \dfrac{\gamma}{\gamma - \gamma_w} \dfrac{k_h}{1 \pm k_v}$

  γ est le poids volumique total du sol saturé.

  γ_w est le poids volumique de l'eau.

  $E_{wd} = 0$

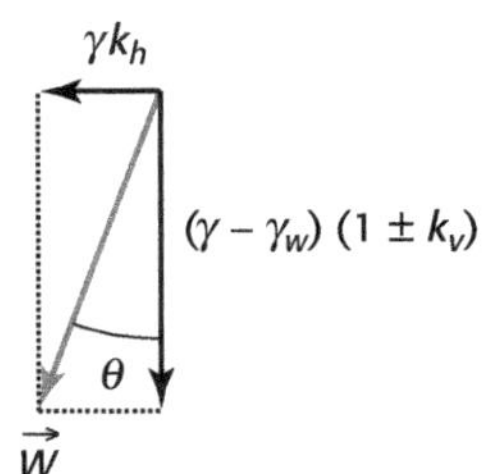

La pression hydrodynamique E_{wd} **est nulle** car le sol est considéré comme un milieu monophasique.

Il ne faut pas oublier de prendre en compte la poussée hydrostatique E_{ws}.

- <u>Sol situé sous nappe (très) **perméable** dans des conditions dynamiques</u>

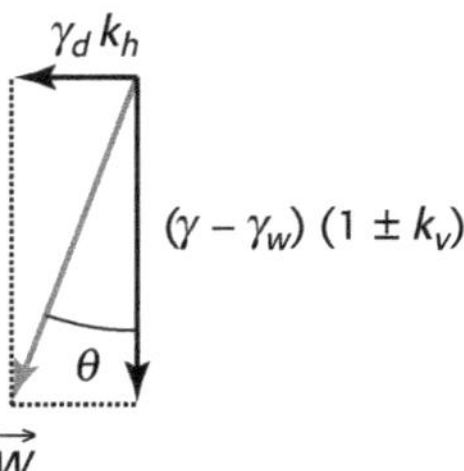

$$\gamma^* = \gamma - \gamma_w$$

$$\tan\theta = \frac{\gamma_d}{\gamma - \gamma_w}\;\frac{k_h}{1 \pm k_v}$$

γ est le poids volumique total du sol saturé.

γ_w est le poids volumique de l'eau.

γ_d est le poids volumique du sol, sec.

L'eau, libre de circuler dans le squelette granulaire, exerce une pression hydrodynamique non nulle :

$$E_{wd} = \frac{7}{12}\,k_h\,\gamma_w\,H'^2$$

H' est le niveau de la nappe phréatique par rapport à la base du mur.
Il ne faut pas oublier de prendre en compte la poussée hydrostatique E_{ws}.

10.5   Effort dû à la poussée des terres pour les structures rigides

La formulation ci-dessus suppose que la structure est susceptible de se déplacer suffisamment pour atteindre l'état limite de poussée active du sol.

Dans le cas contraire, pour des structures rigides complètement empêchées de se mouvoir par rapport au sol, l'augmentation dynamique de la poussée des terres **sur un mur vertical avec un remblai horizontal** peut être prise égale à :

$$\Delta P_d = \frac{a_g}{g}\,S\,\gamma\,H^2$$

H étant la hauteur du mur.

CHAPITRE 11

Appareils d'appui et attelages

11.1 Définitions

Les règles utilisent un certain nombre de termes qu'il convient tout d'abord de préciser.

- **Appareils d'appui fixes** : appareils reliés au support et au tablier et transmettant les efforts avec une déformation négligeable. Leur rigidité n'intervient donc pas dans le comportement du pont. Appartiennent à cette catégorie les appuis à pot, les appuis sphériques.

- **Appuis glissants** : Appareils, déformables ou non, munis d'une plaque de glissement et transmettant une force de frottement proportionnelle à la charge verticale.

- **Isolation sismique** : un tablier est isolé s'il comporte sur un ou plusieurs de ses supports des appareils d'appui ou des dispositifs spéciaux destinés à modifier le comportement dynamique du pont en modifiant la raideur (appuis néoprène), l'amortissement (amortisseurs visqueux ou hystérétiques), ou bien en plafonnant les forces transmises (butées élasto-plastiques).

- **Appuis néoprène « non sismiques »** : appuis néoprène prévus pour supporter les efforts de service et les déformations imposées en cas de séisme, mais pas les efforts sismiques qui doivent être équilibrés par des appuis fixes ou des attelages.

- **Attelage** : butée comportant un jeu supérieur au déplacement en service.

11.2 Règles générales [EN 1998-2/§6.6]

11.2.1 Tablier non isolé

- Les appareils d'appui fixes doivent être vérifiés pour les « efforts majorés » correspondant au dimensionnement en capacité (conception ductile) ou les efforts multipliés par q (conception ductile limitée).

- Les appareils d'appui fixes complétés par une butée avec un faible jeu peuvent être vérifiés pour des efforts de calcul non majorés, à condition qu'ils soient aisément remplaçables. La butée doit être vérifiée pour les efforts majorés [EN 1998-2/§6.6.6.1(3)P].

Les appuis glissants doivent supporter le déplacement [EN 1998-2/§ 2.3.6.3 et § 3.3 (7)] :

$$d_{Ed} = \sqrt{d_E^2 + d_{eg}^2} + d_G + \psi_2\, d_T$$

Avec :

d_E : déplacement issu de l'analyse dynamique ;

d_{eg} : déplacement du à la variabilité spatiale ;

d_G : déplacement du aux charges permanentes ;

d_T : déplacement du à la température ;

Ψ_2 coefficient de combinaison applicable à la valeur quasi-permanente de l'action thermique conformément aux tableaux A2.1, A2.2 ou A2.3 de l'EN 1990/A1, soit $\Psi_2 = 0,5$ pour les ponts routiers, les ponts rails et les passerelles.

11.2.2 Tablier isolé

Dans le cas de l'isolation sismique on doit prendre en compte une sécurité supplémentaire sur les déplacements sous la forme d'un coefficient γ_{1S} majorant les déplacements dynamiques (et non ceux dus à la variabilité spatiale), d'où le déplacement total :

$$d'_{Ed} = \sqrt{(\gamma_{1S}\, d_E)^2 + d_{eg}^2} + d_G + \psi_2\, d_T$$

La valeur de γ_{1S} est actuellement fixée à 1,5 pour tous les types d'appareils utilisés en isolation sismique sauf pour les appuis en élastomère peu sollicités (voir § 2.4.1).

Nota : Cette valeur devrait être modulée suivant les types d'appareils. Par exemple des amortisseurs arrivant en fin de course subissent un choc contrairement à des appuis en élastomère ce qui militerait pour une diminution du coefficient γ_{1S} pour ces derniers.

11.2.3 Méthodes de vérification

Suivant les cas les appareils d'appui et les butées seront donc vérifiés avec :

Les efforts :

    A   Issus de l'analyse

    B   Issus de l'analyse et majorés par q (ductilité limitée)

    C   Issus de l'analyse et majorés par le dimensionnement en capacité (ductilité)

Les déplacements :

    D $d_{Ed} = \sqrt{d_E^2 + d_{eg}^2} + d_G + \psi_2\, d_T$ Tablier non isolé

    E $d'_{Ed} = \sqrt{(\gamma_{1S}\, d_E)^2 + d_{eg}^2} + d_G + \psi_2\, d_T$ Tablier isolé

11.3 Exemples de conception pour le séisme longitudinal

11.3.1 Appareils d'appui fixes sur les piles fixes + appuis glissants sur les autres piles

* Le tablier n'est pas isolé.
* La conception peut être ductile ou ductile limitée.
* Les efforts dans les appuis fixes sont donnés par B (ductilité limitée) ou C (ductilité).
* Le déplacement des appuis glissants est donné par D.
* En cas de conception ductile les piles supportant les appuis glissants doivent être dimensionnées en capacité avec une force de frottement des appuis glissants majorée de 30 % [EN 1998-2/5.3]. Le principe du calcul en capacité est exposé au chapitre 3 ci avant.

11.3.2 Appareils d'appui fixes + butées sur piles fixes. Appuis glissants sur les autres piles

* Le tablier n'est pas isolé.
* La conception peut être ductile ou ductile limitée.
* Les efforts dans les appuis fixes sont donnés par A.
* Les efforts dans les butées sont donnés par B (ductilité limitée) ou C (ductilité).
* Le déplacement des appuis glissants est donné par D.
* En cas de conception ductile les piles supportant les appuis glissants doivent être dimensionnées en capacité avec une force de frottement des appuis glissants majorée de 30 % [EN 1998-2/§5.3]. Le principe du calcul en capacité est exposé au chapitre 3 ci avant.

11.3.3 Appuis néoprène fixes + butées sur les piles fixes. Appuis néoprène fixes ou glissants sur les autres piles

* Le tablier n'est pas isolé.
* La conception peut être ductile ou ductile limitée.
* Compte tenu de leur souplesse et du faible jeu des butées, les appuis néoprène sur les piles fixes ne sont pas soumis à des forces horizontales notables.
* Les efforts dans les butées sont donnés par B (ductilité limitée) ou C (ductilité).
* Le déplacement des appuis glissants et des appuis néoprène non munis de butées est donné par D.
* En cas de conception ductile les piles supportant les appuis glissants doivent être dimensionnées en capacité avec un coefficient de frottement des appuis glissants majoré de 30 % [EN 1998-2/§ 5.3].
* En cas de conception ductile les piles supportant les appuis néoprène non munis de butées doivent être dimensionnées en capacité avec une force transmise par les appuis déduite de

leur déplacement maximum en considérant une raideur majorée de 30 % [EN 1998-2/§ 5.3]. Le principe du calcul en capacité est exposé au chapitre 3 ci avant.

- Une détérioration significative des appareils d'appui en élastomère est acceptable dans la mesure où la transmission des descentes de charges verticales entre le tablier et l'appui est assurée [EN 1998-2/§ 6.6.2.3(3)].

11.3.4 Appuis en élastomère fixes et glissants

- Le tablier est isolé.
- La conception doit être ductile limitée.
- Le déplacement des appuis néoprène fixes et glissants est donné par E.
- La procédure de dimensionnement en capacité des piles n'a pas à être effectuée.

11.3.5 Appareils d'appui en élastomère « non-sismiques » + attelage sur une pile fixe

- Le tablier n'est pas isolé.
- Le jeu de l'attelage excède celui dû aux actions non sismiques : l'attelage ne fonctionne donc qu'en cas de séisme.
- Des dispositifs amortissant le choc sur l'attelage en cas de séisme doivent être prévus (ressorts, tampons…).
- La conception peut être ductile ou ductile limitée.
- Pour tenir compte du jeu on pourra modéliser l'attelage par une raideur sécante (*cf.* Figure 6.2 de l'EN 1998-2/§ 6.6.1).
- Les efforts dans l'attelage sont donnés par B (ductilité limitée) ou C (ductilité).
- Bien que qualifiés de « non sismiques », les appareils d'appui en élastomère utilisés doivent être dimensionnés pour résister à la déformation maximale de cisaillement due à l'action sismique de calcul (formule D).
- En cas de conception ductile les piles supportant les appuis néoprène doivent être dimensionnées en capacité avec une force transmise par les appuis déduite de leur déplacement maximum et en considérant une raideur des appuis majorée de 30 %. [EN 1998-2/§ 5.3] Le principe du calcul en capacité est exposé au chapitre 3 ci avant.

11.4 Repos d'appui minimal [EN 1998-2/§ 6.6.4]

La perte d'appui est la principale cause d'effondrement de ponts en cas de séisme. Cela est d'autant plus regrettable que le surcoût des dispositions pour éviter ce défaut est faible puisqu'il s'agit simplement de prévoir des repos d'appui suffisants.

Figure 11.1. Taiwan 1999. Cliché Michel Kahan

11.4.1 Repos et ouverture de joint sur culée [EN 1998-2/§6.6.4]

L'ouverture ou la fermeture du joint s'évalue à partir :

- du déplacement **dynamique** d_1 du tablier donné par :
- $d_1 = d_E$ (tablier non isolé) ou $d_1 = \gamma_{1S}\, d_E$ (tablier isolé), d_E étant le déplacement de calcul.
- du déplacement dynamique d_2 de la culée
- du déplacement dû à la **variabilité spatiale** :

$$d_{eg} = \frac{2 d_g}{L_g}\, L_{eff} < 2 d_g$$

Avec :

d_g déplacement de calcul du sol [EN 1998-1/§3.2.2.4]
L_g distance de référence [EN 1998-2/tableau 3.1]
$L_{eff.}$ distance entre le joint et le centre de gravité des raideurs des piles fixes

11.4.1.1 Mouvement du joint [EN 1998-2/§2.3.6.3(3)]

Le mouvement du joint est donné par :

$$d_j = \sqrt{d_1^2 + d_2^2} + S + d_{eg} + d_G + \psi_2\, d_T$$

Avec :

s jeu des attelages éventuels

d_G déplacement entre le tablier et la culée dû aux charges permanentes

d_T déplacement du à la température

Ψ_2 coefficient de combinaison applicable à la valeur quasi-permanente de l'action thermique conformément aux tableaux A2.1, A2.2 ou A2.3 de l'EN 1990/A1, soit $\Psi_2 = 0{,}5$ pour les ponts routiers, les ponts rails et les passerelles.

11.4.1.2   Repos d'appui minimal

Le repos d'appui est donné par :

$$L_{ov} = L_m + d_j$$

avec :

L_m longueur minimale d'appui assurant la transmission en toute sécurité de la réaction verticale, **avec un minimum de 400 mm.**

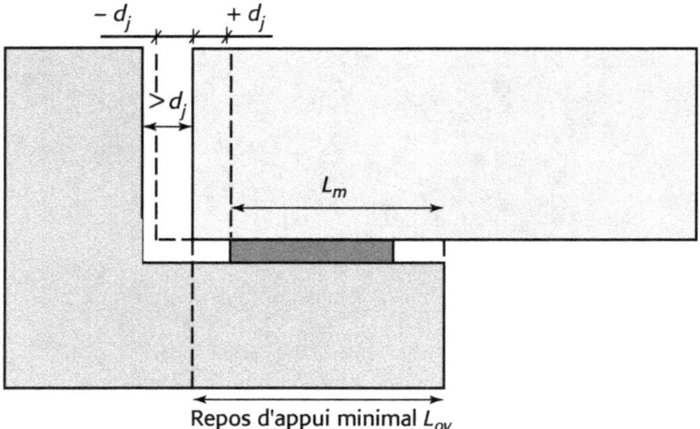

Figure 11.2. Repos d'appui sur culée

11.4.2   Repos et ouverture de joint sur pile intermédiaire

11.4.2.1   Repos d'appui

Sur une pile intermédiaire, les repos d'appui de l'une ou l'autre travée de rive s'évaluent comme dans le cas des culées.

11.4.2.2   Ouverture du joint

L'ouverture d_j du joint se calcule en considérant les deux tabliers, le déplacement de la pile n'intervenant pas. On note :

d_1 et d_2 les déplacements dynamiques des deux tabliers.

d_{eg} le déplacement dû à la variabilité spatiale calculé avec une longueur $L_{eff.}$ égale à la distance entre les centres de gravités des raideurs des piles fixes des deux tabliers.

$$d_j = \sqrt{d_1^2 + d_2^2} + S + d_{eg} + d_G + \psi_2\, d_T$$

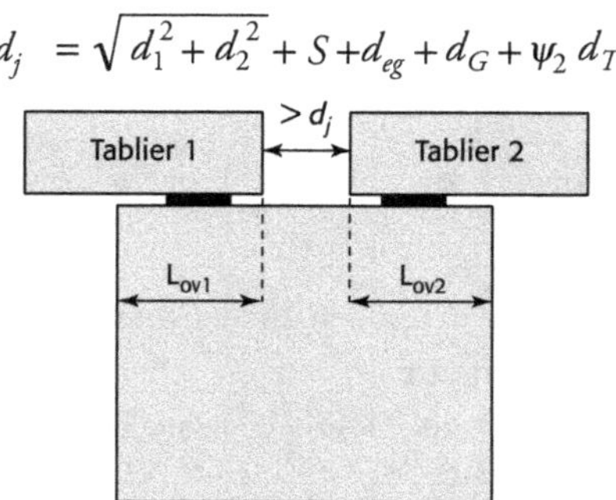

Figure 11.3. Ouverture de joint de chaussée sur pile intermédiaire

Appareils spéciaux

12.1 Généralités

Le contreventement des ponts doit tout d'abord prendre en compte les forces horizontales, les variations linéaires, le vent et le freinage.

Pour les ouvrages à plusieurs travées, les dispositions courantes sont un blocage transversal du tablier sur tous les appuis, un blocage longitudinal sur une ou plusieurs piles voisines du centre de l'ouvrage, les autres étant équipées d'appareils d'appuis glissants :

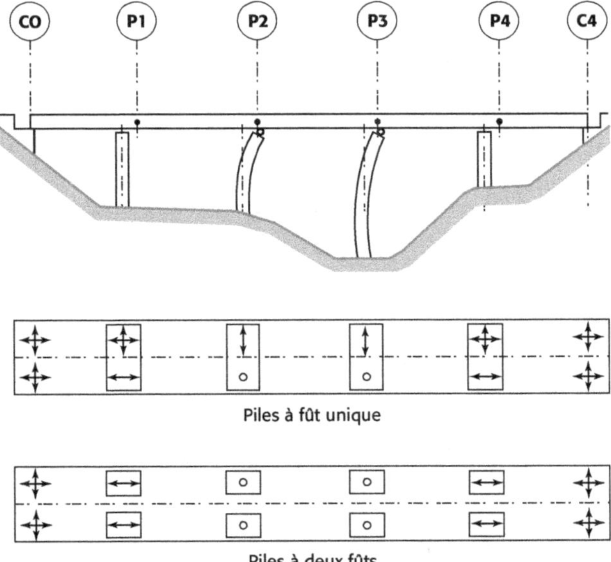

Figure 12.1. Disposition courante des appareils d'appui

En cas de séisme, ces dispositions peuvent s'avérer inadaptées ou trop coûteuses : en général les piles sont surdimensionnées dans la direction transversale et sous dimensionnées dans la direction longitudinale.

Dans ce cas, on peut optimiser la conception en employant des appareils spéciaux qui permettront :

- soit de changer le schéma statique, afin de mieux répartir les efforts entre les appuis ;
- soit de réduire globalement les efforts.

La réduction d'efforts peut s'effectuer de deux manières différentes :

- soit on conserve au pont un comportement sensiblement élastique linéaire et on adapte la rigidité des appuis ou l'amortissement, seuls paramètres qui, avec la masse, conditionnent la réponse dynamique. Les efforts maxima dans les piles et les déplacements du tablier sont alors pratiquement proportionnels à l'accélération du sol ;
- soit on confère au pont un comportement élasto plastique en utilisant des appareils qui limitent les forces horizontales transmises par les piles au tablier. Les efforts dans les piles sont alors peu dépendants du niveau sismique contrairement aux déplacements.

Les principaux appareils spéciaux utilisés sont :

    – les appuis néoprène courants ou à noyau de plomb
    – les amortisseurs visqueux ou hystérétiques
    – les coupleurs dynamiques.

La relation force-déplacement de ces appareils peut être non-linéaire ou dépendre de la vitesse. Le calcul dynamique élastique-linéaire, à partir d'un spectre de réponse, n'est donc pas toujours utilisable et un calcul temporel est alors nécessaire.

12.2   Fonctions réalisables

Les différents appareils disponibles permettent d'obtenir les relations force-déplacement décrites ci-dessous.

12.2.1   Ressort élastique

Les déplacements aller et retour suivent sensiblement la même trajectoire. Il n'y a donc pas d'énergie dépensée pendant un cycle, donc pas d'amortissement.

12.2.2   Fusible

Il s'agit d'un ressort élastique dont la résistance disparait complètement dès que l'on dépasse un certain déplacement.

Cette fonction est par exemple obtenue avec une goupille métallique qui périt par cisaillement. Elle permet de supprimer la liaison du tablier avec un appui et donc de passer d'une configuration en service à une configuration spécifique au séisme.

12.2.3   Amortisseur visqueux

Les cycles force-déplacement dépendent de la vitesse. Chaque cycle dépense de l'énergie, d'où un amortissement du mouvement.

12.2.4 Amortisseur élasto-plastique

La relation force-déplacement, indépendante de la vitesse, est du type élasto-plastique avec écrouissage ($p_2 > 0$) ou sans écrouissage ($p_2 = 0$).

Les cycles dépensent de l'énergie dès que la limite élastique est dépassée.

Cette fonction est assurée par :

  – des amortisseurs visqueux pilotés par des soupapes

  – des dispositifs à frottement

  – des appareils utilisant la flexion de pièces métalliques. Dans ce dernier cas seulement, la fonction est du type « avec écrouissage ».

12.2.5 Coupleur dynamique

Le déplacement est libre pour une vitesse très lente, très faible pour une vitesse au-delà d'un certain seuil. Cette fonction est remplie par :

  – des dispositifs métalliques

  – des amortisseurs visqueux réglés spécialement.

Elle permet en cas de séisme de réaliser des liaisons supplémentaires entre les piles et le tablier.

a) Ressort élastique

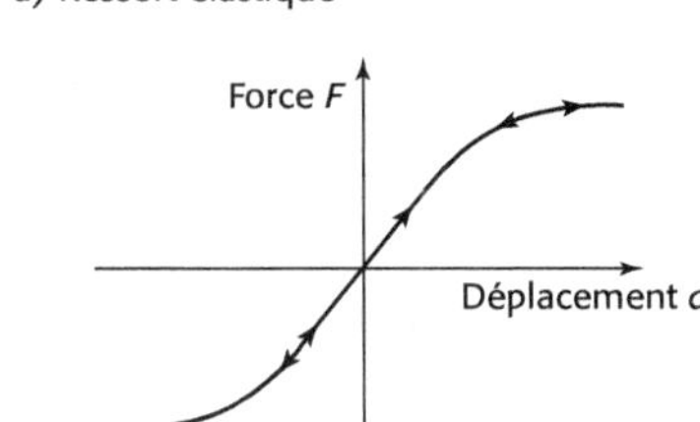

b) Fusible

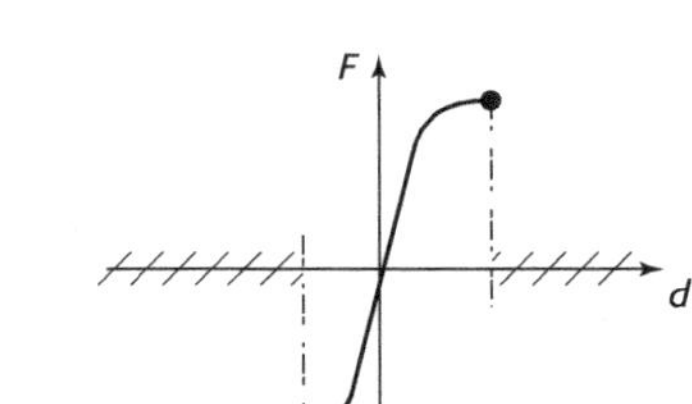

c) Amortisseur visqueux

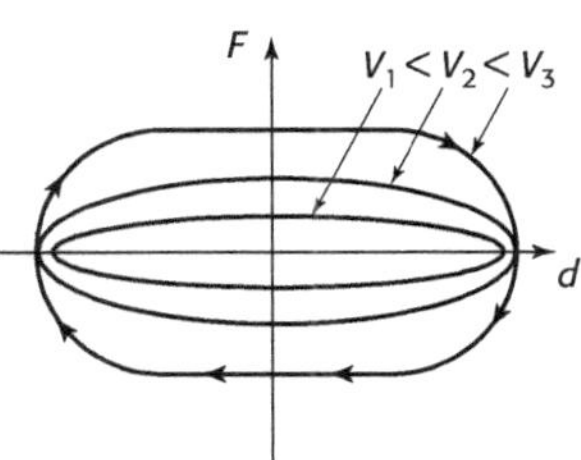

d) Amortisseur élastoplastique

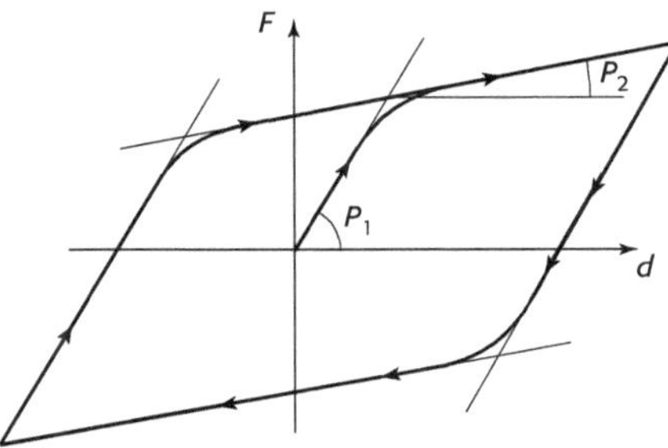

Figure 12.2. Fonctions réalisables

12.3 Emploi de coupleurs dynamiques [EN 1998-2/§ 6.6.3.3]

Les coupleurs dynamiques sont prévus pour relier instantanément et avec un jeu négligeable le tablier aux appuis. On pourra donc calculer l'ouvrage de manière classique à partir du spectre de calcul et du coefficient de comportement des piles. Comme pour un appareil d'appui fixe l'effort transmis par les coupleurs sera majoré :

- par multiplication par q dans le cas $q \leq 1,5$;
- par la méthode de dimensionnement en capacité dans le cas $q > 1,5$.

12.4 Isolation sismique

Dans le cas de l'isolation sismique le tablier comporte sur chaque appui soit des appareils d'appuis glissants, soit des dispositifs spéciaux (amortisseurs hystérétiques ou visqueux, etc.). Les règles suivantes sont imposées :

a) *Appuis en élastomère ordinaires*

La ductilité limitée est imposée ($q \leq 1,5$). Le calcul est en principe basé sur les spectres élastiques et les sollicitations des piles et du tablier peuvent être divisées par q.

Nota : Compte tenu des périodes élevées obtenues lorsqu'on emploi des appuis élastomère et de la définition des spectres pour ces périodes, on peut utiliser de manière conservative les spectres de calcul avec un coefficient $q = 1,5$ pour le séisme horizontal, $q = 1$ pour le séisme vertical.

b) *Dispositifs hystérétiques, métalliques ou hydrauliques*

Ces dispositifs ont pour rôle de plafonner les efforts transmis et donc ceux-ci ne peuvent pas être réduits pour tenir compte du comportement des piles. On fera des calculs avec $q = 1$ et aucune disposition constructive n'est requise.

c) *Sécurité sur les déplacements*

La sécurité de l'ouvrage reposant principalement sur les appareils spéciaux utilisés, ils doivent être vérifiés en majorant par un coefficient de « fiabilité » γ_{1S} le déplacement d_E fourni par le calcul dynamique. Le coefficient γ_{1S} a pour valeur 1,5 en général, 1 ou 1,5 pour les appuis en élastomère (voir § 2.4). On doit de plus combiner ce déplacement avec :

- le déplacement d_{eg} dû à la variabilité spatiale des mouvements du sol ;
- le déplacement d_G dû aux charges permanentes ;
- 50 % du déplacement thermique d_T.

D'où : $\quad \sqrt{(\gamma_{1S}\, d_E)^2 + d_{eg}^{\,2}} + d_G + 0,5\, d_T$.

d) *Exigence de rappel latéral*

Le système d'isolation doit posséder une capacité de rappel suffisante pour éviter un cumul des déplacements. Cette condition est remplie par les appuis néoprène qui restent élastiques.

Dans d'autres cas on pourra adopter la règle donnée dans EN 15129 (dispositifs anti-sismiques) qui impose que l'énergie restituée soit supérieure au quart de l'énergie dissipée pendant un cycle.

12.5 Structures non isolées

Ces structures comportent au moins un point fixe et des amortisseurs sur les autres appuis. Faute d'indications réglementaires spécifiques on adoptera les mêmes recommandations que pour les structures isolées, à l'exception de la capacité de rappel qui est assurée par le point fixe.

12.6 Méthodes de calcul

12.6.1 Cas des appuis en élastomère courants

Les appuis néoprène courants sont supposés élastiques linéaires et amortis à 5 % comme la structure. On pourra donc effectuer un calcul à partir du spectre réglementaire sans correction de l'amortissement.

12.6.2 Cas des appareils à comportement hystérétique

Le calcul dynamique usuel suppose un comportement élastique linéaire de la structure et un amortissement relatif de 5 %.

Si on utilise des appareils à comportement hystérétique, dont la loi de comportement ne dépend pas de la vitesse, on peut se ramener au cas usuel en modélisant ces appareils par un ressort et un coefficient d'amortissement, la structure étant supposée élastique linéaire. On peut alors pour chacun des modes de la structure calculer un coefficient d'amortissement moyen et effectuer un calcul spectral en corrigeant le coefficient d'amortissement de 5 % réglementaire.

Les étapes du calcul sont alors :

a) On se fixe *a priori* la valeur D du déplacement maximum de l'appareil et on trace la courbe force déplacement réelle ou modélisée par des droites parallèles définissant la même surface que le cycle réel.

b) On détermine la raideur $K_{\text{eff.}}$ et l'aire S du cycle (figure 12.3).

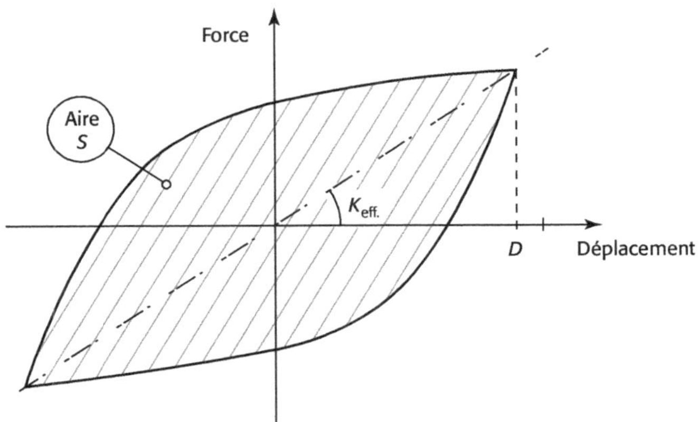

Figure 12.3. Loi de comportement hystérétique

c) Le coefficient d'amortissement est donné par : $a = \dfrac{S}{2\pi\, D^2 K_{\text{eff}}}$.

d) On détermine les modes de la structure, les appareils étant modélisés par des ressorts de raideur K_{eff}.

e) Pour les modes principaux de la structure on calcule l'amortissement moyen ξ, suivant la règle EN 1998-2/§4.1.3, en pondérant les amortissements par les énergies de déformation élastique E_1 emmagasinée dans la structure (amortie à 5 %) et E_2 emmagasinée dans les appareils (amortissement a) :

$$\xi = \frac{0{,}05\, E_1 + a\, E_2}{E_1 + E_2} \quad \text{limité à 30 \%.}$$

Avec $E_2 = 0{,}5\, K_{\text{eff}}\, D^2$.

On en déduit le paramètre $\eta = \sqrt{\dfrac{0{,}1}{0{,}05 + \xi}}$.

f) Pour les modes supérieurs on utilise un amortissement de 5 %.

g) On calcule la réponse à partir du spectre élastique, en tenant compte des paramètres η.

h) Pour chaque appareil on vérifie que le déplacement maximum ne s'écarte pas de plus de 5 % de la valeur D de départ, sous peine de devoir réitérer le calcul.

Cette méthode ne s'utilise donc facilement que pour les structures assimilables à un oscillateur simple.

12.6.3 Cas des amortisseurs visqueux

La force de rappel F de ces appareils est en général reliée à leur vitesse de déplacement v par la relation : $F = C\, v^{\alpha}$.

C et α sont des constantes dépendant de l'appareil, α étant généralement compris entre 0,3 et 0,8.

Malgré le caractère non linéaire du comportement de ces amortisseurs, il est toutefois possible d'effectuer un calcul spectral approché (référence bibliographique 2).

a) Dans le cas ou la structure peut être assimilée à un oscillateur simple, la procédure est alors la suivante :

– On évalue la période propre T de la structure sans amortisseur.

– On évalue la pseudo accélération γ correspondant à cette période par lecture du spectre élastique (qui correspond à un amortissement de 5 %), c'est-à-dire en ignorant l'effet des amortisseurs.

– On se fixe le coefficient réducteur η des efforts, (donc de γ) à obtenir par l'emploi d'un amortisseur, ce qui correspond à un taux d'amortissement :

$$\xi = 0{,}1/\eta^2 - 0{,}05 \quad \text{(voir § 2.2.8)}$$

– On en déduit le taux d'amortissement supplémentaire apporté par l'amortisseur :

$$a = \zeta - 0{,}05 = \frac{0{,}1}{\eta^2} - 0{,}1$$

– Le paramètre C de l'amortisseur a pour valeur :

$$C = \frac{4\,ma\,\pi}{T}\left(\frac{\eta\gamma T}{2\pi}\right)^{(1-\alpha)}\frac{1}{h(\alpha)}$$

Avec m : masse de l'oscillateur et $h(\alpha)$ donné par le tableau suivant :

α	0	0,1	0,2	0,3	0,4	0,5	0,6	0,7	0,8	0,9	1
$h(\alpha)$	1,27	1,24	1,20	1,17	1,14	1,11	1,09	1,06	1,04	1,02	1,00

La force maximale supportée par l'amortisseur a pour valeur :

$$F = \frac{2\,ma\,\gamma\eta}{h(\alpha)}$$

b) Le cas d'un oscillateur multiple peut aussi être traité ; on se référera alors à l'ouvrage cité en référence 2.

12.6.4 Calcul temporel

Dans le cas le plus général, le comportement des appareils dépend de la vitesse (amortisseurs visqueux) ou change en fonction du temps (fusibles). On effectue alors un calcul pas à pas prenant en compte :

- la loi de comportement des appareils ;
- un modèle de structure élastique linéaire ;
- des accélérogrammes calés sur le spectre de réponse élastique.

Nota : la prise en compte dans les calculs du comportement non linéaire du béton armé n'est pas interdit mais sort du cadre des règles.

12.7 Exemples de conception

On prendra comme exemple un ouvrage à quatre travées soumis à un séisme longitudinal.

12.7.1 Solution 1 : conception courante

Les appareils d'appuis sont glissants sauf ceux de la pile P_2, qui sont fixes :

Méthode de calcul :	modale avec spectre de calcul
Coefficient de comportement :	$q \le 1,5$ ou $q > 1,5$
Dispositions constructives :	ductilité limitée ou ductilité

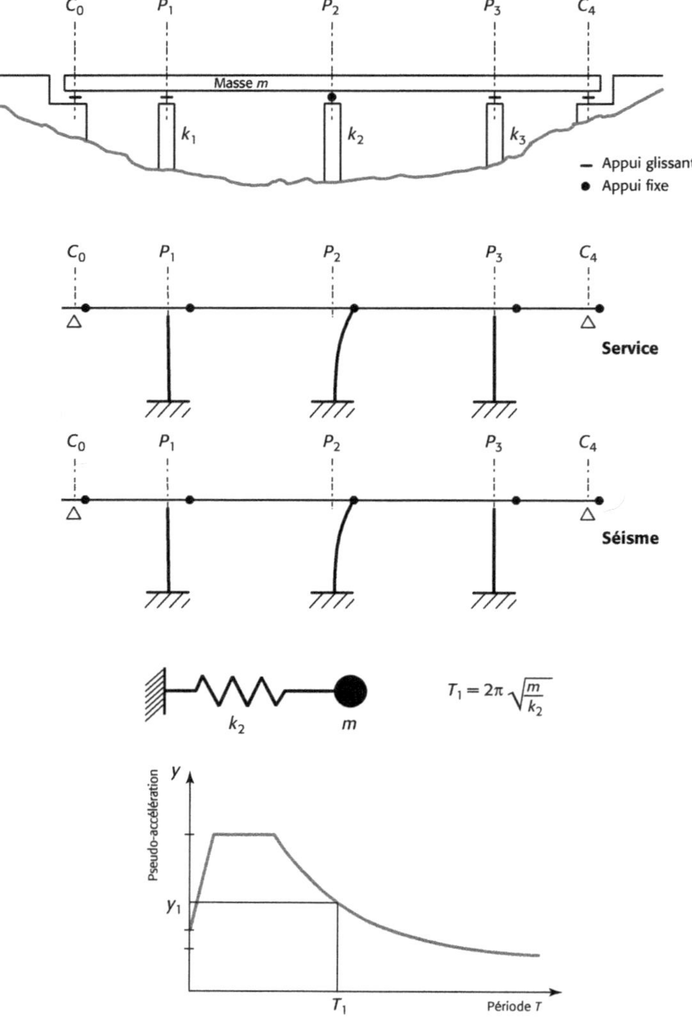

$$T_1 = 2\pi \sqrt{\frac{m}{k_2}}$$

Figure 12.4. Conception courante

Domaine d'emploi préférentiel	Avantages	Inconvénients
– Niveau sismique modéré	– Réparations mineures pour $q \leq 1,5$ – Pas de maintenance particulière – Calcul spectral simple avec coefficient de comportement	– Réparations importantes après séisme réglementaire pour $q > 1,5$

12.7.2 Solution 2 : coupleur dynamique

On rajoute au cas précédant des coupleurs dynamiques sur les piles P_1 et P_3.

En service, la configuration est la même que dans le cas précédent.

En cas de séisme, les coupleurs bloquent le déplacement et la masse m du tablier est retenue par les piles P_1, P_2 et P_3 travaillant en parallèle.

Méthode de calcul :   modale avec spectre de calcul
Coefficient de comportement : $q \leq 1,5$ ou $q > 1,5$
Dispositions constructives :   ductilité limitée ou ductilité

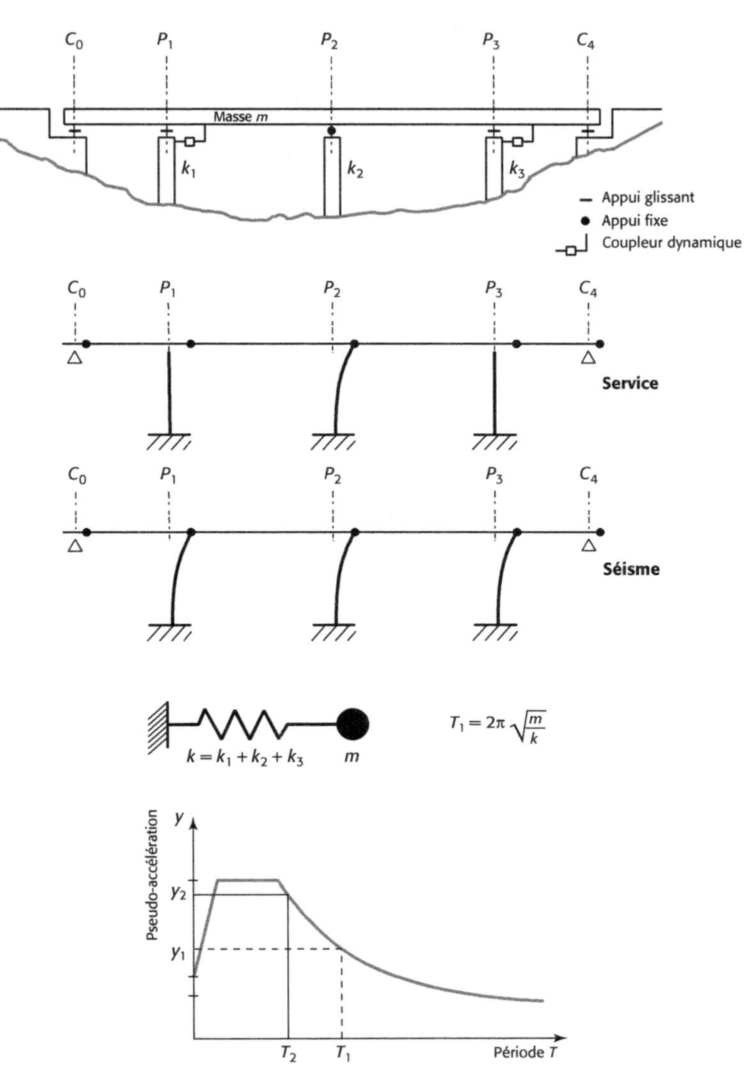

Figure 12.5. Coupleurs dynamiques

Domaine d'emploi préférentiel	Avantages	Inconvénients
– Niveau sismique élevé – Piles raides	– Réparations mineures pour $q \leq 1,5$ – Calcul spectral simple avec coefficient de comportement	– Réparations importantes après séisme réglementaire pour $q > 1,5$ – Maintenance d'appareils hydrauliques

12.7.3 Solution 3 : isolation sismique avec appareils d'appui en élastomère

Les piles et les culées sont équipées d'appuis en élastomère du type courant (amortissement 5 %). La raideur totale de l'ensemble néoprène + piles est notée k ; en pratique cette raideur est nettement inférieure à k_2, raideur de la pile P_2.

Méthode de calcul : modale avec spectre élastique
Coefficient de comportement : $q \leq 1,5$
Dispositions constructives : ductilité limitée

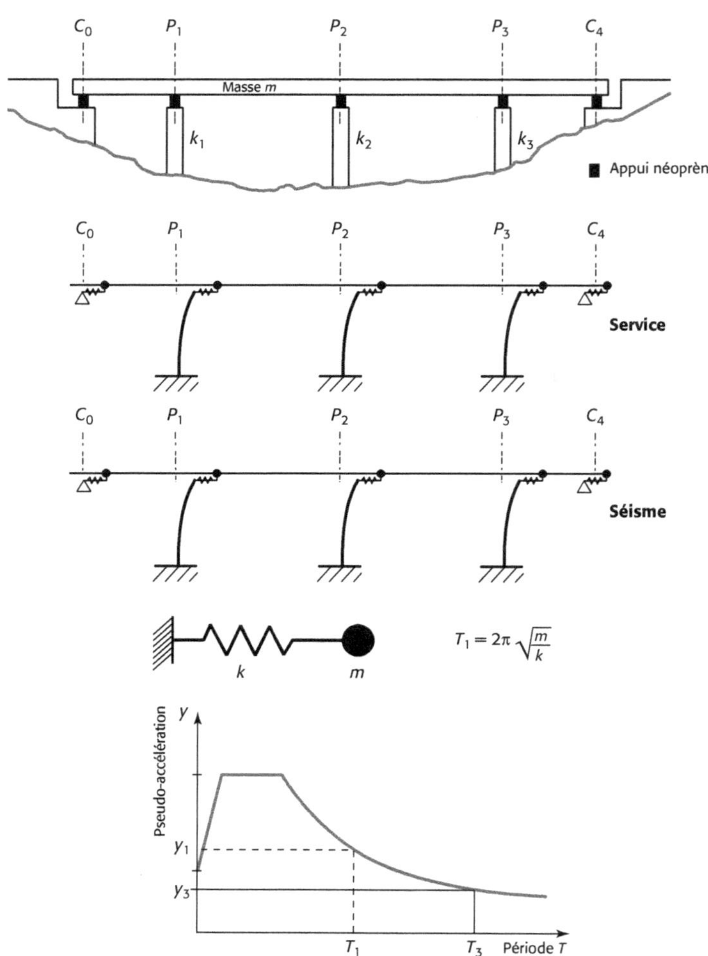

Figure 12.6. Appareils d'appui en élastomère

Domaine d'emploi préférentiel	Avantages	Inconvénients
– Niveau sismique modéré – Ouvrages de faibles portées (charges verticales compatibles avec les appuis néoprène)	– Calcul spectral simple avec coefficient de comportement – Réparations mineures après séisme – Pas de maintenance particulière	– Grands déplacements des joints de chaussée

12.7.4   Solution 4 : amortisseurs visqueux disposés en parallèle

La solution 1 est complétée par des amortisseurs visqueux situés sur la pile P_1.

En cas de séisme la masse du tablier est retenue par la pile P_2 et par l'amortisseur relié à la pile P_1.

L'amortissement global du système est supérieur à celui des piles seules, (5 % forfaitaire) qui correspond à celui du spectre réglementaire.

Méthode de calcul approchée :   modale avec spectre élastique
Méthode de calcul exacte :   temporelle
Coefficient de comportement : $q = 1$
Dispositions constructives :   aucune

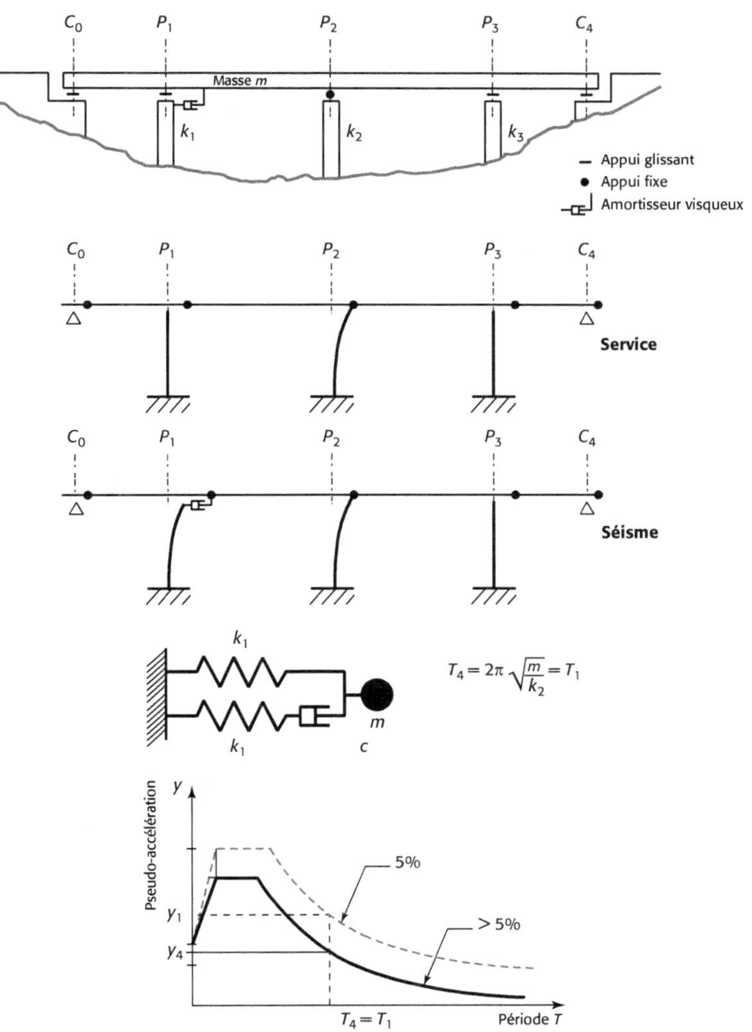

Figure 12.7. Amortisseurs visqueux en parallèle

Domaine d'emploi préférentiel	Avantages	Inconvénients
– Niveau sismique élevé – Séisme fréquent	– Calcul spectral simple approché possible – Réparations mineures après séisme	– Maintenance d'appareils hydrauliques

12.7.5 Solution 5 : isolation avec un amortisseur métallique élastoplastique

Tous les appareils d'appui sont glissants et la pile P_2 est équipée d'un amortisseur élastoplastique fonctionnant par flexion de pièces métalliques.

La configuration en service est celle de la solution 1. Le contreventement est assuré par la pile P_2 seule et l'appareil reste dans le domaine élastique (raideur p_1).

En cas de séisme l'appareil se plastifie et fonctionne comme un amortisseur. La masse m du tablier est alors retenue par l'amortisseur en série avec la pile P_2.

Méthode de calcul approchée :	modale avec spectre élastique
Méthode de calcul exacte :	temporelle
Coefficient de comportement :	$q = 1$
Dispositions constructives :	aucune

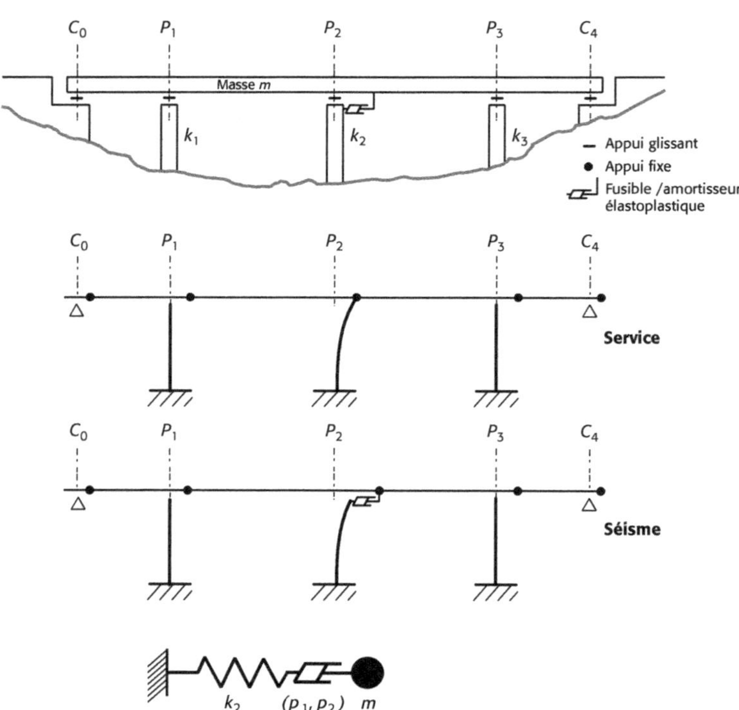

Figure 12.8. Amortisseurs élastoplastiques

Domaine d'emploi préférentiel	Avantages	Inconvénients
– Niveau sismique élevé	– Forte réduction des efforts – Efforts peu dépendant du niveau sismique – Calcul spectral simple approché possible – Pas de maintenance particulière	– Déplacements importants des joints de chaussée – Nécessité de changer les pièces métalliques plastifiées et de recaler le tablier après un séisme

12.7.6 Solution 6 : combiné ressort-amortisseur

Tous les appareils d'appui sont glissants et la pile P_2 est équipée d'un appareil hydraulique remplissant à la fois les fonctions ressort et amortisseur visqueux.

Le ressort est élastique non linéaire et sa résistance est bornée (figure 12.9).

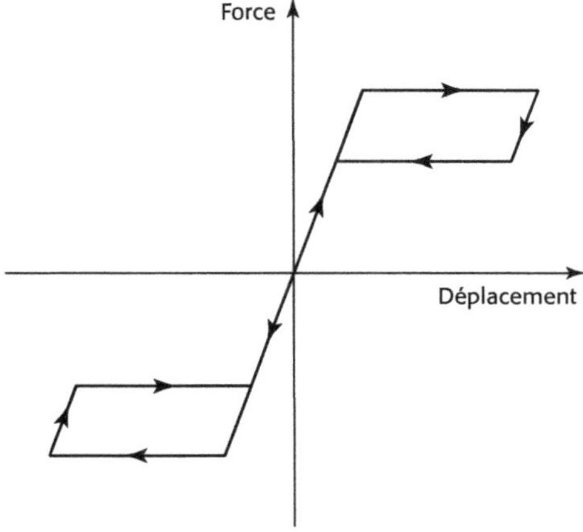

Figure 12.9. Combiné ressort amortisseur

En cas de séisme, la raideur du ressort s'annule dès que le déplacement dépasse une certaine valeur. L'appareil fonctionne alors comme un amortisseur hydraulique.

Le comportement du ressort étant élastique non linéaire, l'évaluation des efforts et des déplacements doit s'effectuer à l'aide d'un calcul temporel.

Méthode de calcul approchée :	non
Méthode de calcul exacte :	temporelle
Coefficient de comportement :	$q = 1$
Dispositions constructives :	aucune

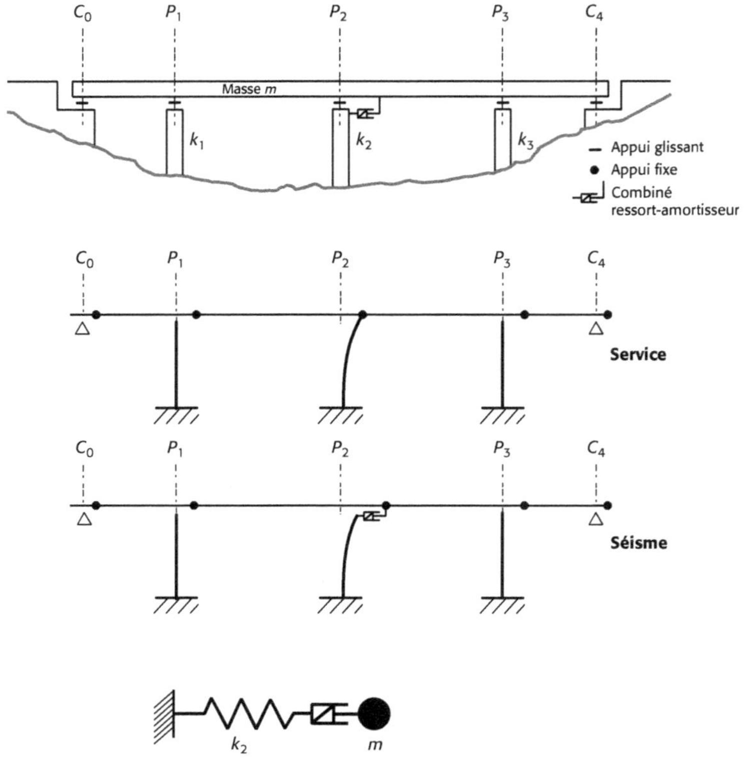

Figure 12.10. Combiné ressort-amortisseur

Domaine d'emploi préférentiel	Avantages	Inconvénients
– Niveau sismique élevé – Séisme fréquent	– Réparations mineures après séisme – Risques réduits de décalage du tablier après séisme	– Maintenance d'appareils hydrauliques

CHAPITRE 13

Liquéfaction
[EN 1998-5]

13.1 Définition

La diminution de résistance au cisaillement et/ou de rigidité due à l'augmentation, durant le mouvement sismique, de la pression de l'eau interstitielle dans les matériaux saturés sans cohésion, susceptible de produire des déformations permanentes significatives, voire une quasi-annulation de la contrainte effective dans le sol, est désignée par le terme liquéfaction.

L'évaluation de la susceptibilité à la liquéfaction doit être effectuées dans le cas de couches de fondations étendues (ou des lentilles épaisses) de sable lâche, sans fines silteuses ou argileuses, au-dessous de la nappe phréatique, et proches de la surface du sol.

Les reconnaissances exigées à cette fin doivent comporter au minimum la réalisation *in situ* d'essais de pénétration standard (SPT) ou d'essais de pénétration au cône (CPT), ainsi que la détermination des courbes granulométriques en laboratoires.

13.2 Vérification

« En zone de sismicité 1 et 2 (sismicité très faible et faible) l'analyse de la liquéfaction n'est pas requise » (Article 4 III de l'arrêté du 26 octobre 2011). De plus, lorsque : $\frac{a_g}{g} S < 0,15$, il est permis de négliger le risque de liquéfaction si l'un des trois critères suivants est vérifié [EN 1998-5/§4.1.4] :

- les sables contiennent de l'**argile** en proportion supérieure à **20 %**, avec un indice de plasticité $P_1 > 10$;
- les sables contiennent des **silts** en proportion supérieure à **35 %**, et simultanément le nombre de coups SPT, normalisé pour l'effet de surcharge due au terrain et du rapport d'énergie, $N_1 (60) > 20$;
- les sables sont propres (pourcentage de fines inférieur à 5 %, dimension des fines inférieure à 80 μm) et $N_1 (60) > 30$.
- **Si ces critères ne peuvent être vérifiés, il convient de se référer à l'EN 1998-5 qui spécifie les recommandations nécessaires pour évaluer le risque de liquéfaction.**

Vérification de la régularité – Exemple d'application

On considère un pont à quatre travées soumis à un séisme transversal. Le tablier est lié aux 3 piles dans le sens transversal, et libre sur les culées.

Pour simplifier l'exposé, on fait les hypothèses suivantes :

- La masse des piles est négligée ; le moment en pied de pile dû au séisme est donc proportionnel à l'effort horizontal en tête.

- Le tablier est supposé infiniment rigide dans son plan et les piles de même raideur ; le mode principal, seul considéré, donnera donc une égale répartition des forces transversales en tête de piles.

- Le ferraillage minimum des piles, nécessaire pour les cas non sismiques, est tel que l'effort en tête est limité à 3500 kN pour P_2, 1250 kN pour P_1 et P_3. Aucune plastification ne peut avoir lieu en deçà de ces seuils.

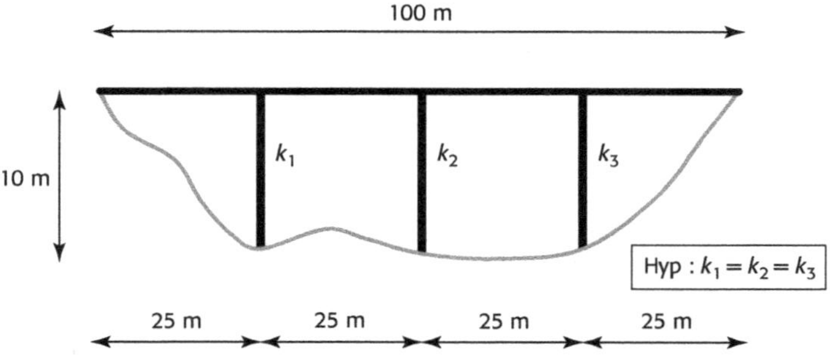

Figure A.1. Présentation de l'exemple d'étude

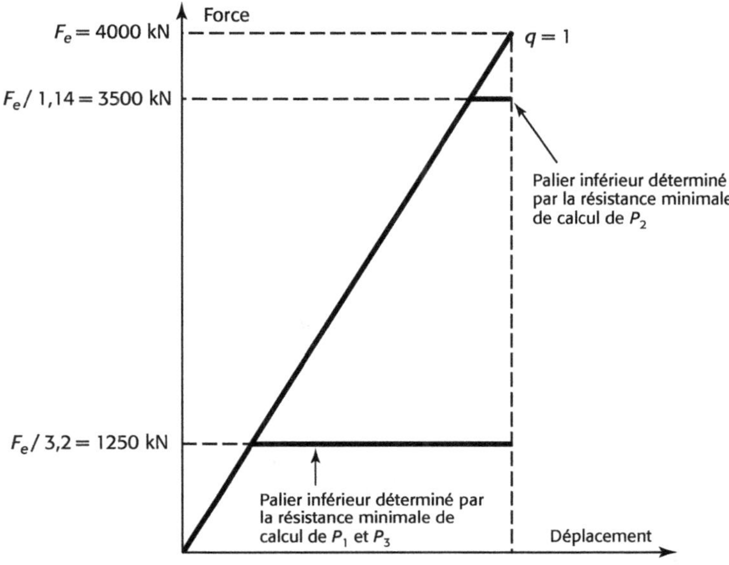

Figure A.2. Relation force-déplacement en tête de pile

1er cas – *Calcul élastique de référence (q = 1)*

On suppose que le calcul élastique donne un effort transversal total de 12000 kN, soit 4000 kN par pile

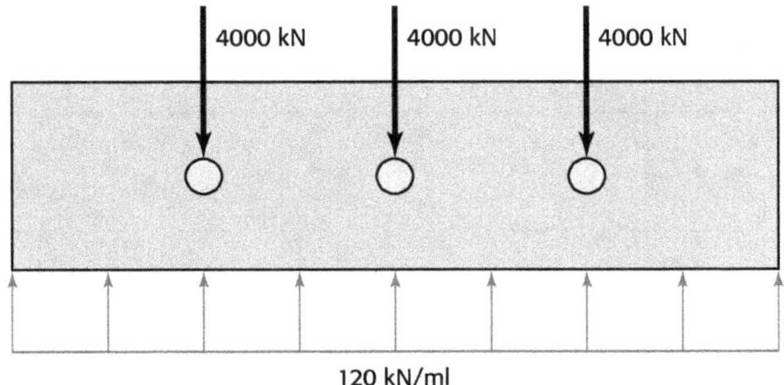

Figure A.3. Répartition des efforts dans le cas n° 1

Coefficient de comportement	q	**1,0**
Forces pseudo-statiques dues au séisme sur tablier (kN/ml)	p	120,0
Effort total (en kN)		12000
Effort réparti sur chaque pile (en kN)		4000

2ᵉ cas – *On applique le coefficient de comportement q = 3,5 autorisé par le règlement.*

Coefficient de comportement	q	3,5
Forces pseudo-statiques dues au séisme sur tablier (kN/ml)	p	34,3
Effort total (en kN)		3429
Effort réparti sur chaque pile (en kN)		1143

On constate que ce coefficient **n'est en fait pas applicable** car aucune des piles n'est plastifiée (1143 kN < 1250 kN).

3ᵉ cas – *On réduit le coefficient de comportement à la valeur q = 3,2.*

Dans ce cas les trois piles supportent 1250 kN en tête.

Les piles P_1 et P_3 se plastifient, la pile P_2 reste dans le domaine élastique.

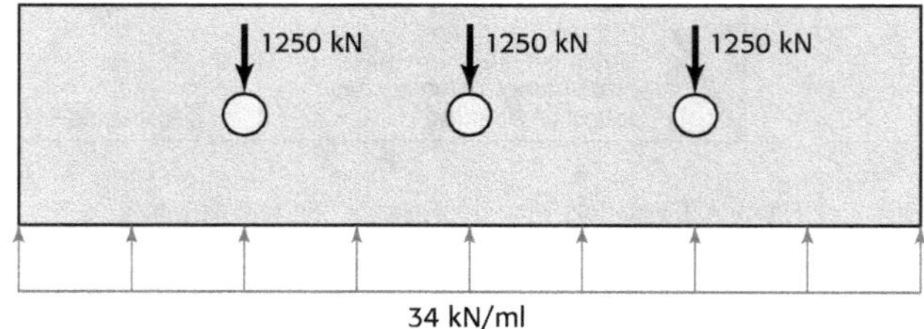

Figure A.4. Répartition des efforts dans le cas n° 3

Coefficient de comportement	q	3,2
Forces pseudo-statiques dues au séisme sur tablier (kN/ml)	p	37,5
Effort total (en kN)		3750
Effort réparti sur chaque pile (en kN)		1250

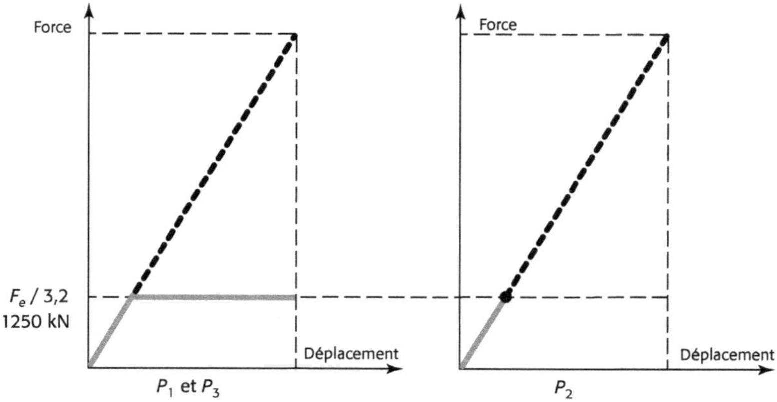

Figure A.5. Situation force-déplacement dans le cas n° 3

Ce coefficient $q = 3,2$ **n'est pas applicable** non plus car le pont est qualifié d'irrégulier selon l'EN 1998-2/4.1.8. On trouve en effet un coefficient $\rho = 2,8$, donc supérieur à la valeur limite 2.

Coefficient de comportement q	3,2		
	P_1	P_2	P_3
Moment de calcul M_{ed} (kN.m)	12500	12500	12500
Résistance de calcul en flexion M_{rd} (kN.m)	12500	**35000**	12500
$r_i / q = M_{ed} / M_{rd}$	1	0,36	1
r_i	3,2	1,14	3,2

$\rho = r_{max} / r_{min}$	**2,80 > 2**	Comportement irrégulier

L'EN 1998-2 nous amène alors à utiliser un coefficient de comportement réduit

$$q_r = q\, r_0 / r = 2,29.$$

4e cas – *Application du coefficient de comportement réduit recommandé par l'EN 1998-2 (q = 2,29)*

Pour $q = 2,29$ l'effort en tête des trois piles a pour valeur 1750 kN.

Les piles P_1 et P_3 doivent être renforcées mais non la P_2 qui demeure dans le domaine élastique

En conclusion, contrairement aux règles AFPS 92, l'EN 1998-2 autorise la pile P_2 à ne pas se plastifier bien que l'effort atteint sous séisme soit notablement inférieur à la résistance de cette pile (50 % dans notre cas).

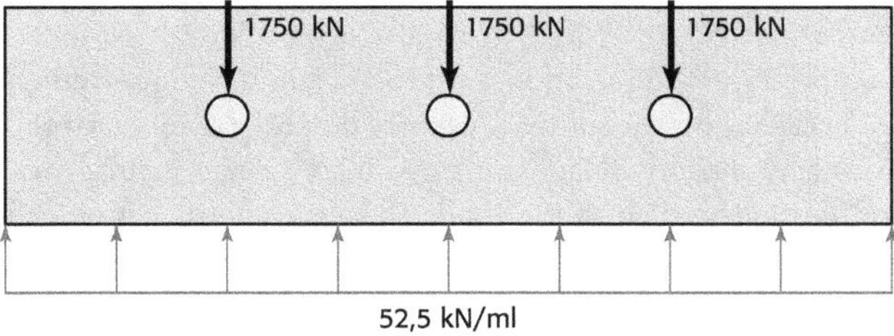

Figure A.6. Répartition des efforts dans le cas n° 4

Coefficient de comportement	q	2,29
Efforts dus au séisme sur tablier (kN/ml)	p	52,5
Effort total (en kN)		5250,0
Effort réparti sur chaque pile (en kN)		1750,0

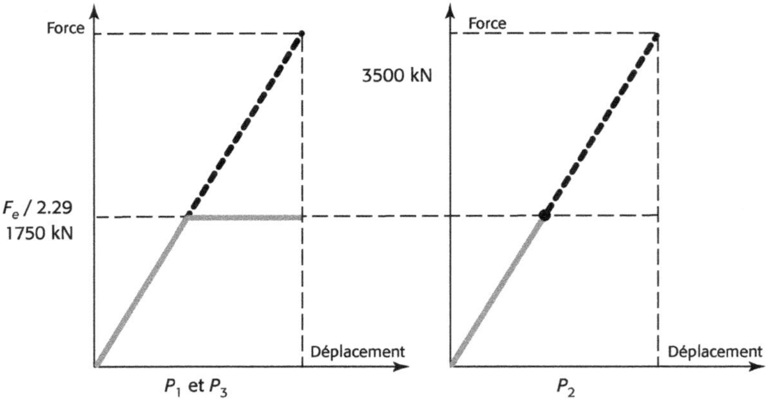

Figure A.7. Situation force-déplacement dans le cas n° 4

Coefficient de comportement q	2,29		
	P_1	P_2	P_3
Moment de calcul M_{ed}	17500	17500	17500
Résistance de calcul en flexion M_{rd}	17500	**35000**	17500
$r_i / q = M_{ed} / M_{rd}$	1	0,5	1
r_i	2,29	1,14	2,29
ρ		**2,00**	Comportement régulier

Complément du 4ᵉ cas – Étude élasto-plastique

À ce stade, il faut rappeler que l'application d'un coefficient de comportement n'implique pas une réduction de l'accélération du sol mais permet de prendre en compte la ductilité de la structure qui plafonnera les efforts. Dans notre cas, il n'y a donc aucune raison que les efforts dus au séisme s'arrêtent à ce stade puisque la pile P_2 n'est toujours pas plastifiée. Alors que les piles P_1 et P_3 vont plafonner à leur palier plastique de 1750 kN, l'effort dans la pile P_2 peut augmenter jusqu'à atteindre le palier plastique de 3500 kN. L'effort total atteindra 7000 kN = 3500 + 2 * 1750 ce qui correspond à q = 12000 /7000 = 1,71.

Cela n'a pas de conséquence pour le ferraillage des piles mais il n'en est pas de même pour les efforts dans les appareils d'appui de la pile P_2 et pour le moment fléchissant dans le tablier qui n'a plus la même répartition que celle calculée réglementairement pour q = 2,29 (figure A.10). On constate sur cette figure une nette augmentation du moment au droit de P_2.

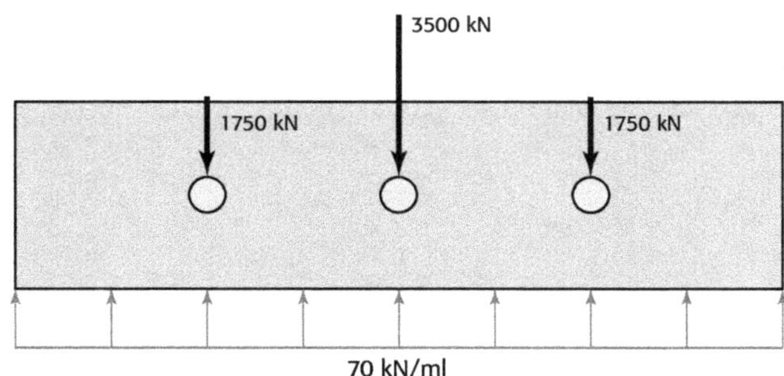

Figure A.8. Répartition des efforts dans le cas élasto-plastique

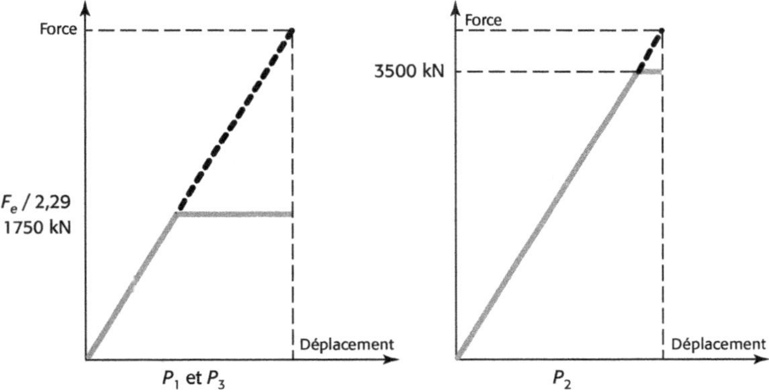

Figure A.9. Situation force-déplacement dans le cas élasto-plastique

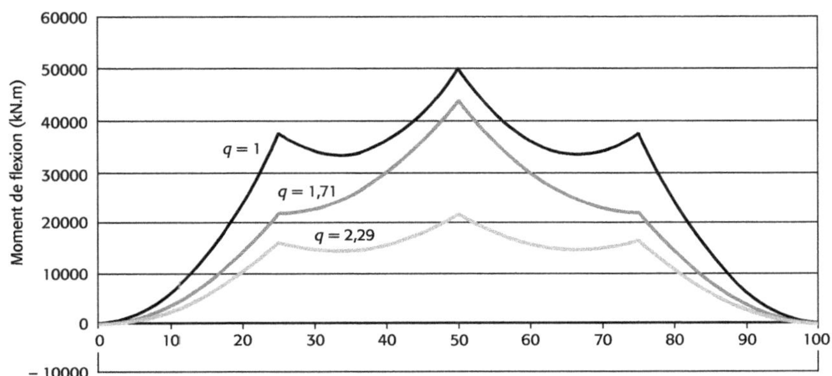

Figure A.10. Comparaison des moments de flexion dans le plan horizontal du tablier
en fonction des coefficients de comportement adoptés

5e cas : *Critère de cohérence AFPS 92 (obsolète)*

Le critère de cohérence de l'AFPS 92 consistait à plastifier toutes les piles. Dans ce cas, le coefficient maximal serait donc plafonné à **1,14** (= 4000/3500). Les piles P_1 et P_3 doivent être renforcées.

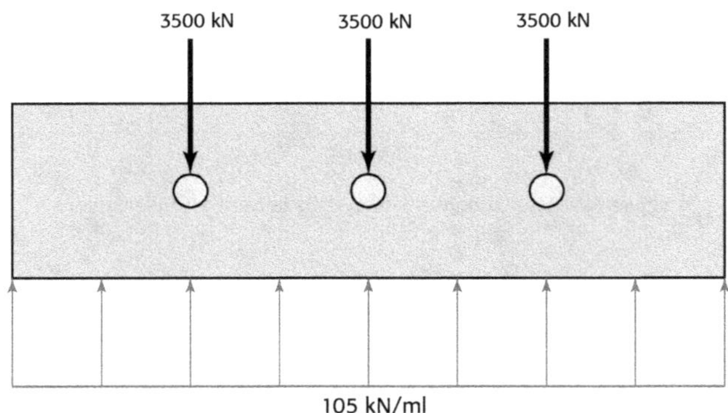

Figure A.11. Répartition des efforts dans le cas n° 5

Coefficient de comportement	**1,14**
Efforts dus au séisme sur tablier (kN/ml)	105,0
Effort total (en kN)	10500,0
Effort réparti sur chaque pile (en kN)	3500,0

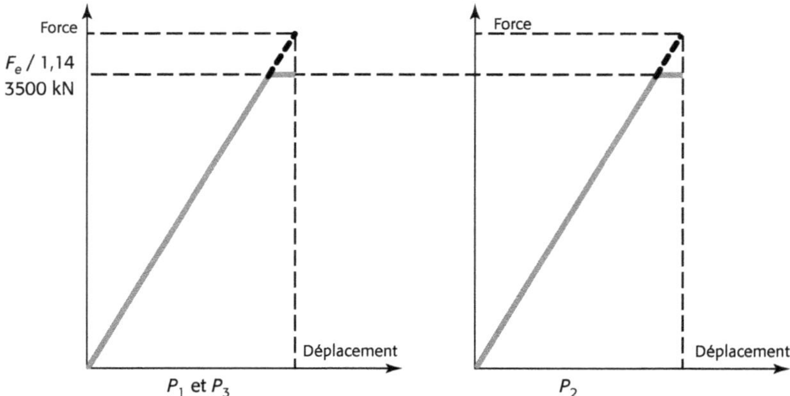

Figure A.11. Situation force-déplacement dans le cas n° 5

Toutes les piles sont plastifiées en même temps ce qui ne provoquera aucun changement de répartition des moments dans le tablier qui restent proportionnels à ceux du calcul élastique.

Critère de cumul des masses modales

Cas du séisme horizontal

On considère un pont à 4 travées muni d'appareils d'appui à pot ou glissants. Suivant la direction étudiée, le cumul des masses modales retenues doit être comparé à une masse totale calculée comme suit :

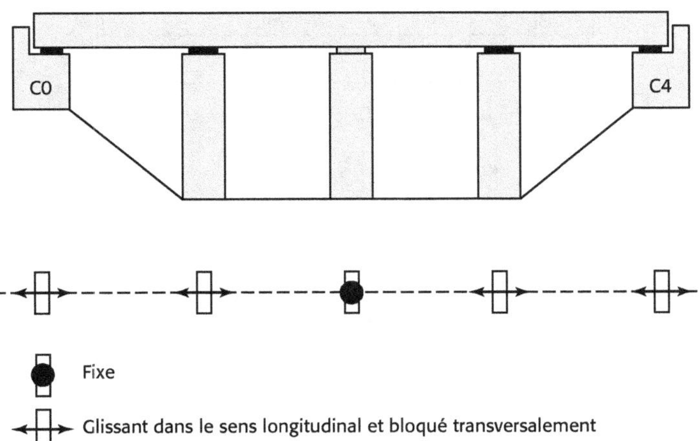

Figure B.1. Présentation de l'exemple d'étude

a) *Séisme transversal*

Tous les mouvements transversaux du tablier sont bloqués. Toutes les masses de la structure réagissent donc à l'excitation sismique transversale. Par conséquent la somme des masses modales de la structure doit être comparée à l'ensemble des masses du modèle.

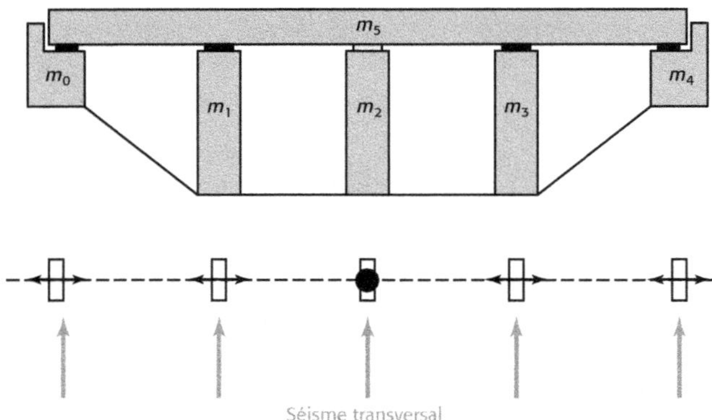

Figure B.2. Masse à prendre en compte dans le sens transversal

b) *Séisme longitudinal*

Les culées et les piles 1 et 3 vibrent indépendamment et le tablier est associé à la pile 2 à laquelle il est relié. Le critère de la somme des masses modales doit s'appliquer avec les masses suivantes :

	Masse modale à considérer
Culée C_0	m_0
Pile P_1	m_1
Pile P_2	$m_2 + m_5$
Pile P_3	m_3
Culée C_4	m_4

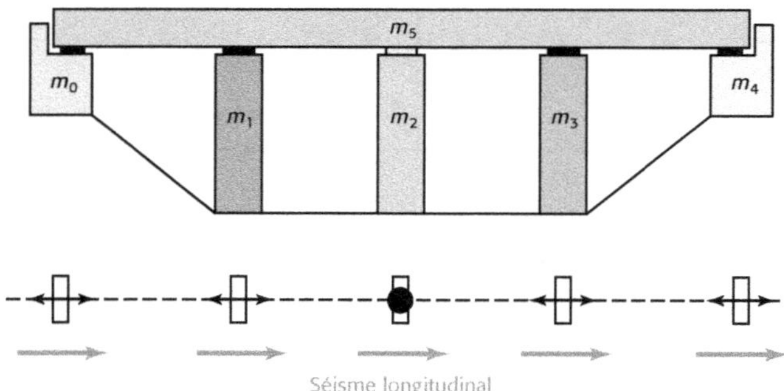

Figure B.3. Masse à prendre en compte dans le sens longitudinal

Cas du séisme vertical

Dans la direction verticale, le tablier est relié à tous ses appuis. En conséquence, le total des masses de la structure doit être pris en compte. Il en résulte souvent des difficultés pour obtenir un cumul suffisant des masses modales.

Combinaisons sismiques et dimensionnement en capacité

Combinaisons sismiques

Dans le cas général, le dimensionnement d'une pile s'effectue en flexion déviée :

$$\left(\begin{array}{l} N: \quad \textit{effort normal} \\ M_1 : \textit{moment selon la direction longitudinale} \\ M_2 : \textit{moment selon la direction transversale} \end{array}\right)$$

On considère les trois directions de séisme X, Y et Z. qui correspondent aux sollicitations S_X, S_Y et S_Z.

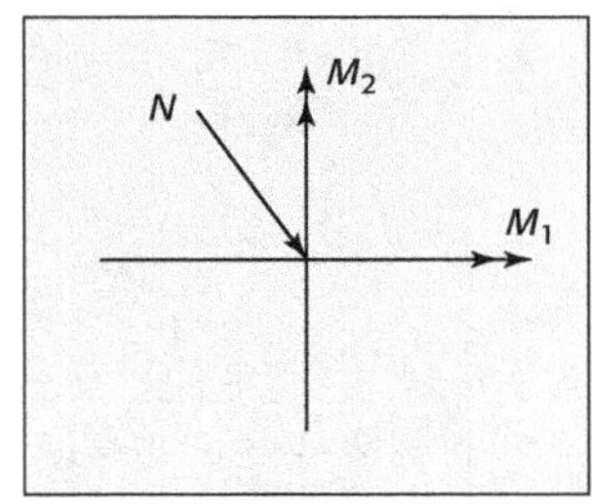

1re étape – *Superposition des modes pour une direction de séisme donnée (méthode enveloppe)*

La combinaison quadratique des modes (CQC) fournit la valeur absolue maximum de chaque paramètre N, M_1, M_2, valeurs non concomitantes.

La méthode enveloppe, exposée ci-dessous, consiste à associer ces valeurs maximum.

Pour chacune des trois directions de séisme on calcule donc les triplets d'efforts :

$$\begin{array}{llll} S_X \rightarrow & M_1^{X} \quad M_2^{X} \quad N^{X} & \text{(superposition des modes)} \\ S_Y \rightarrow & M_1^{Y} \quad M_2^{Y} \quad N^{Y} & \text{(superposition des modes)} \\ S_Z \rightarrow & M_1^{Z} \quad M_2^{Z} \quad N^{Z} & \text{(superposition des modes)} \end{array}$$

Nota : lorsque cela est exigé par les règles il faut de plus calculer les efforts dus à la variabilité spatiale et les cumuler par la CQC aux efforts précédents.

2e étape – *Combinaisons des directions*

On combine ensuite les trois directions selon l'une des méthodes présentées :

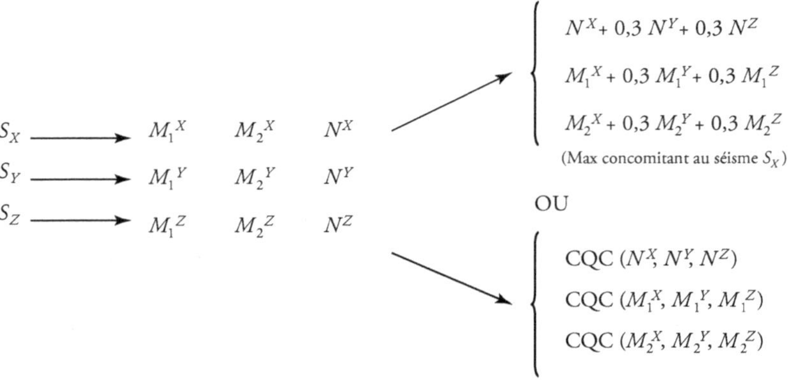

$$S_X \longrightarrow M_1{}^X \quad M_2{}^X \quad N^X$$
$$S_Y \longrightarrow M_1{}^Y \quad M_2{}^Y \quad N^Y$$
$$S_Z \longrightarrow M_1{}^Z \quad M_2{}^Z \quad N^Z$$

$$\left\{ \begin{array}{l} N^X + 0{,}3\,N^Y + 0{,}3\,N^Z \\ M_1{}^X + 0{,}3\,M_1{}^Y + 0{,}3\,M_1{}^Z \\ M_2{}^X + 0{,}3\,M_2{}^Y + 0{,}3\,M_2{}^Z \end{array} \right.$$

(Max concomitant au séisme S_X)

OU

$$\left\{ \begin{array}{l} CQC\,(N^X, N^Y, N^Z) \\ CQC\,(M_1{}^X, M_1{}^Y, M_1{}^Z) \\ CQC\,(M_2{}^X, M_2{}^Y, M_2{}^Z) \end{array} \right.$$

3e étape – *Combinaison sismique de calcul – Effets des autres actions*

On combine le séisme aux autres actions (N_0, $M_1{}^0$, $M_2{}^0$)

$$\left\{ \begin{array}{l} N^X + 0{,}3\,N^Y + 0{,}3\,N^Z \\ M_1{}^X + 0{,}3\,M_1{}^Y + 0{,}3\,M_1{}^Z \\ M_2{}^X + 0{,}3\,M_2{}^Y + 0{,}3\,M_2{}^Z \end{array} \right.$$

(Max concomitant au séisme S_X)

Combinaison Sismique de calcul $\longrightarrow$

$$\left\{ \begin{array}{l} N^X + 0{,}3\,N^Y + 0{,}3\,N^Z + N_0 \\ M_1{}^X + 0{,}3\,M_1{}^Y + 0{,}3\,M_1{}^Z + M_1{}^0 \\ M_2{}^X + 0{,}3\,M_2{}^Y + 0{,}3\,M_2{}^Z + M_2{}^0 \end{array} \right.$$

(Max concomitant au séisme S_X)

$$\left\{ \begin{array}{l} CQC\,(N^X, N^Y, N^Z) \\ CQC\,(M_1{}^X, M_1{}^Y, M_1{}^Z) \\ CQC\,(M_2{}^X, M_2{}^Y, M_2{}^Z) \end{array} \right. \longrightarrow \left\{ \begin{array}{l} CQC\,(N^X, N^Y, N^Z) + N_0 \\ CQC\,(M_1{}^X, M_1{}^Y, M_1{}^Z) + M_1{}^0 \\ CQC\,(M_2{}^X, M_2{}^Y, M_2{}^Z) + M_2{}^0 \end{array} \right.$$

Par la suite on simplifie les notations de la façon suivante :

$$\left\{ \begin{array}{l} N^X + 0{,}3\,N^Y + 0{,}3\,N^Z + N_0 \\ M_1{}^X + 0{,}3\,M_1{}^Y + 0{,}3\,M_1{}^Z + M_1{}^0 \\ M_2{}^X + 0{,}3\,M_2{}^Y + 0{,}3\,M_2{}^Z + M_2{}^0 \end{array} \right.$$

(Max concomitant au séisme S_X)

$$\left\{ \begin{array}{l} CQC\,(N^X, N^Y, N^Z) + N_0 \\ CQC\,(M_1{}^X, M_1{}^Y, M_1{}^Z) + M_1{}^0 \\ CQC\,(M_2{}^X, M_2{}^Y, M_2{}^Z) + M_2{}^0 \end{array} \right. = \left\{ \begin{array}{l} N^S + N_0 \\ M_1{}^S + M_1{}^0 \\ M_2{}^S + M_2{}^0 \end{array} \right.$$

Dimensionnement en capacité des piles en béton armé

Pour une pile donnée on détermine tout d'abord le ferraillage au niveau de la rotule plastique pour toutes les combinaisons sismiques ou non sismiques

On fait ensuite l'hypothèse que l'acier et le béton admettent une sur-résistance γ_0 (1,35 en général, soit $\gamma_0 \cdot f_{yk} = 675$ MPa pour l'acier usuel).

Le processus est alors itératif :

- augmentation du niveau sismique d'un coefficient λ ;
- calcul des nouvelles sollicitations sismique dans la rotule (λN_S, λM_1^S, λM_2^S) ;
- combinaisons ($N_0 + \lambda N_S$, $M_1^0 + \lambda M_1^S$, $M_2^0 + \lambda M_2^S$).

Si l'acier n'atteint pas l'allongement ultime de 10‰, on recommence avec un coefficient λ supérieur jusqu'à obtenir le coefficient λ_{cap}.

Les effets de la nouvelle sollicitation sismique calculée avec λ_{cap} constituent les effets du dimensionnement en capacité utilisés pour le reste de la structure.

Exemple d'application

Considérons une pile de pont de 10 m de haut supportant un tablier excentré (un mètre) dans le sens transversal.

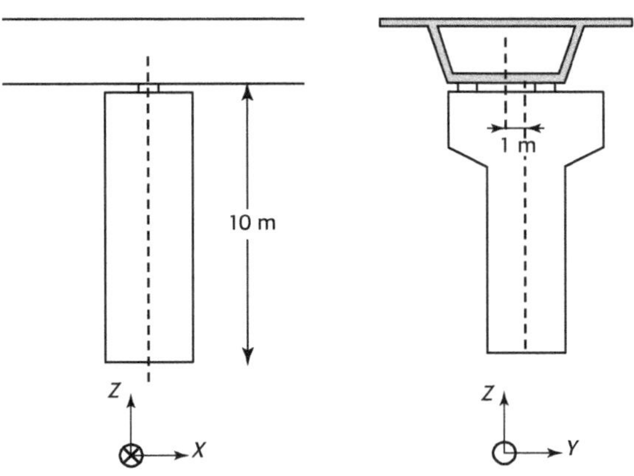

Figure C.1. Présentation de l'exemple d'étude

a) *Actions considérées*

G : charge permanente verticale

H_x : force sismique horizontale de calcul dans la direction longitudinale

H_y : force sismique horizontale de calcul dans la direction transversale

S_v : force sismique verticale de calcul dans la direction verticale

b) *Efforts au niveau de la rotule plastique*

Efforts permanents :

N^0 : effort normal dû aux actions permanentes

$M_1{}^0$: moment permanent dû aux actions permanentes d'axe transversal

$M_2{}^0$: moment permanent dû aux actions permanentes d'axe longitudinal

Efforts sismique :

N^S : effort normal dû aux actions sismiques de calcul

$M_1{}^S$: moment longitudinal

$M_2{}^S$: moment transversal

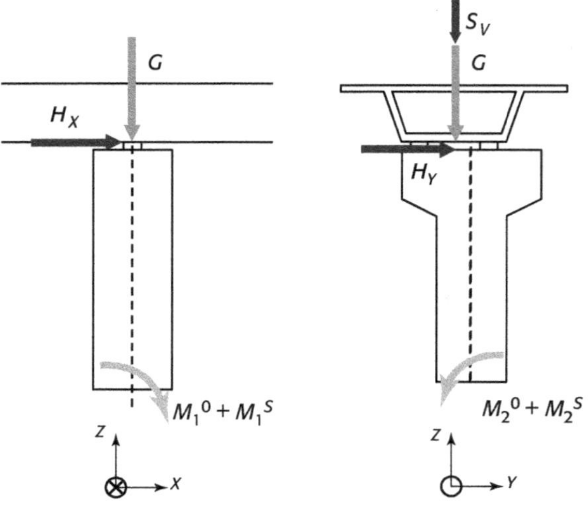

Figure C.2. Convention notation

c) *Calcul du ferraillage de la rotule*

La section de béton armé considérée correspond à une pile creuse 4 m * 4,5 m de 80 cm d'épaisseur.

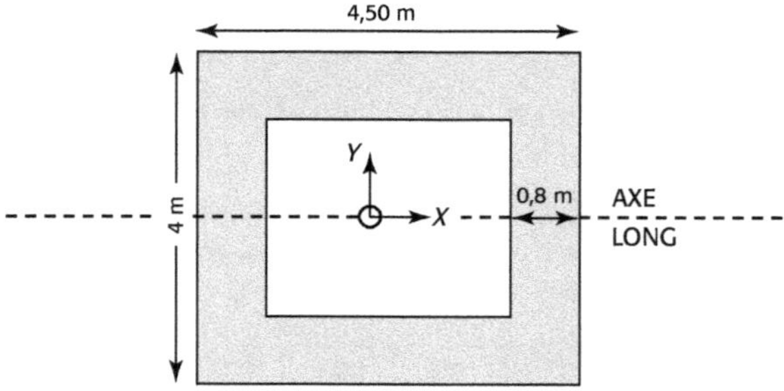

Figure C.3. Section de la pile

Le calcul de la section est effectué en flexion déviée pour une des combinaisons sismiques.

Données d'entrées

Charge permanente	G	15 MN
Séisme long	H_x	8 MN
Séisme trans	H_y	8 MN
Séisme vert	S_v	3,6 MN

Efforts dans la rotule

Efforts permanents	N_0	15 mN
	M_{10}	0 MN.m
	M_{20}	15 MN.m
Efforts sismiques	N^S	3,6 MN
	$M_1{}^S$	80 MN.m
	$M_2{}^S$	80 MN.m
EFFORT TOTAL	N	18,6 MN
	M_1	80 MN.m
	M_2	95 MN.m

Figure C.4. Efforts pour dimensionnement de la rotule

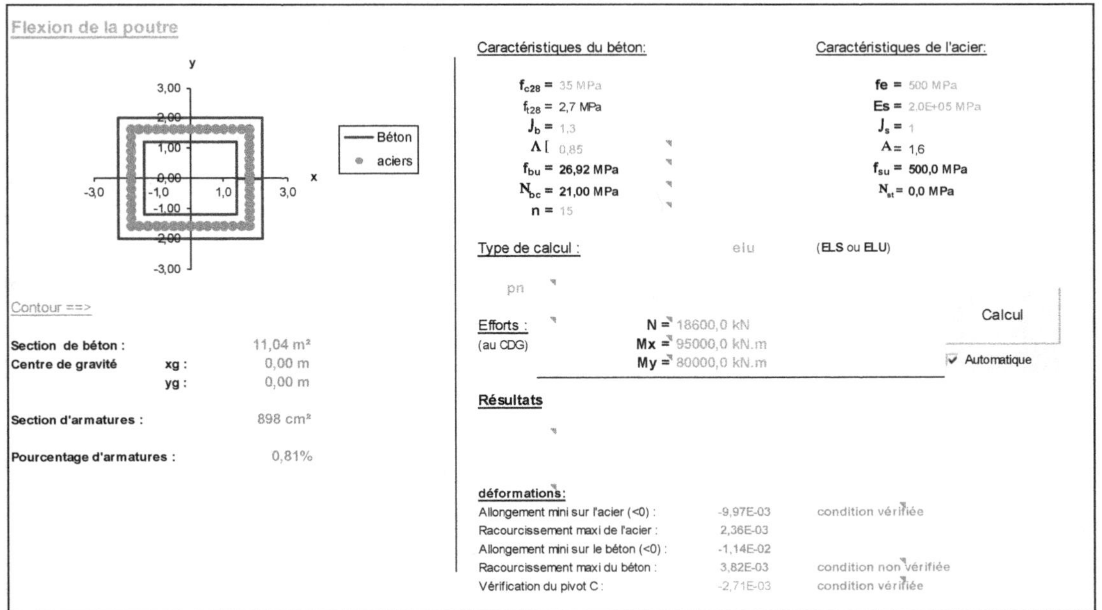

Figure C.5. Vérification béton armé de la rotule plastique

On suppose que ce ferraillage est enveloppe pour tous les autres cas sismiques, les cas non sismiques, le ferraillage minimum éventuellement imposé.

d) *Calcul de la sur-résistance de la rotule*

Pour faire le calcul de sur résistance, on suppose ensuite que la résistance à la traction de l'acier et la résistance en compression du béton sont majorées de 35 %.

Pour la combinaison étudiée, on constate qu'il faut majorer le niveau sismique de **28,7 %** pour obtenir à nouveau l'allongement ultime de l'acier.

Données d'entrées	λ	**1,287**
Excentrement y		0 m
Charge permanente	G	15 MN
Séisme long	Hx	10,296 MN
Séisme trans	Hy	10,296 MN
Séisme vert	Sv	4,6332 MN
Efforts dans la rotule		
Efforts permanents	N_0	15 mN
	M_{10}	0 MN.m
	M_{20}	15 MN.m
Efforts sismiques	N^S	4,6332 MN
	$M_1^{\,S}$	102,96 MN.m
	$M_2^{\,S}$	102,96 MN.m
EFFORT TOTAL	N	19,6332 MN
	M_1	102,96 MN.m
	M_2	117,96 MN.m

Figure C.6. Efforts majorés – Dimensionnement en capacité

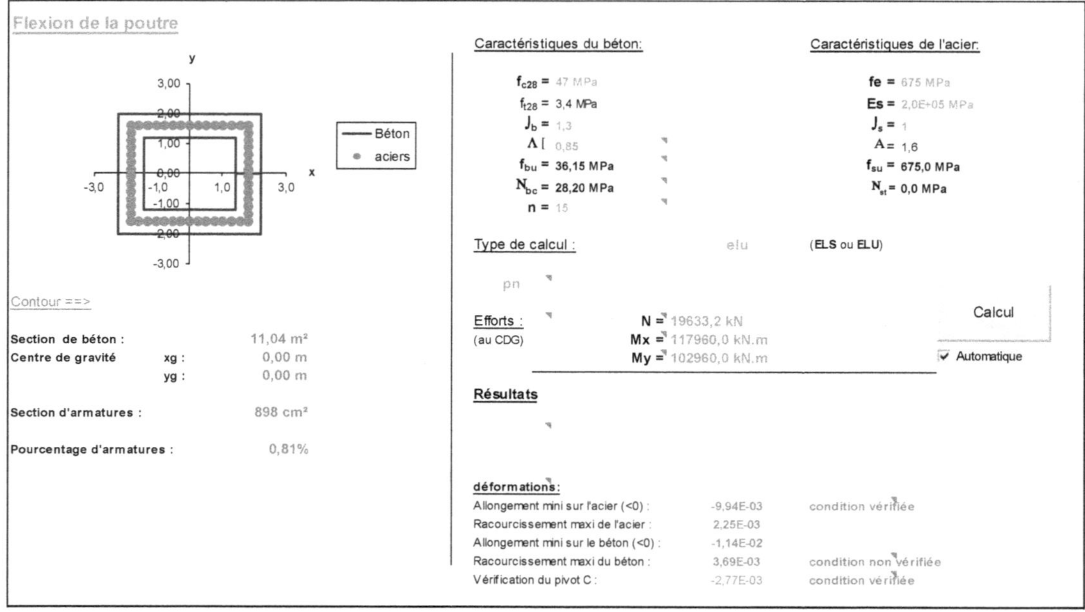

Figure C.7. Vérification béton armé – Dimensionnement en capacité

e) *Sollicitation des piles hors rotules plastiques*

Pour chacune des combinaisons sismiques le calcul précédent fournit une valeur de λ. Les sollicitations dans la pile en dehors de la rotule s'obtiennent en refaisant les combinaisons avec un séisme pondéré par ces valeurs.

f) *Sollicitation du tablier*

Les valeurs de λ diffèrent d'une pile à l'autre. Il est donc impossible d'effectuer un calcul rigoureux. On pourra par exemple refaire les combinaisons avec, pour une direction principale de séisme donnée, la moyenne des valeurs de λ.

g) *Méthode approchée*

Si on applique la méthode approchée décrite en 3.2.4 :

Direction longitudinale :

$$M_{\max} = 0 + 80 \text{ MN.m}$$
$$M_G = 0 \text{ MN.m}$$
$$M_E = 80 \text{ MN.m}$$

Alors $\quad k = 1,35$

Direction transversale :

$$M_{\max} = 15 + 80 \text{ MN.m}$$
$$M_G = 15 \text{ MN.m}$$
$$M_E = 80 \text{ MN.m}$$

Alors $\quad k = 1,35 + 0,35 \times 15/80 = 1,42$

Appuis en élastomère

Cette annexe concerne les appareils d'appui courants en élastomère fretté, à faible amortissement (5%).

Les références réglementaires sont :

- L'EN 1337-3/§5.3.3 pour les méthodes de calcul
- L'EN 1998-2/§7.6.2 (5) pour la valeur des coefficients K_L, γ_m et G.

Paramètres de définition des appuis

Pour les appuis rectangulaires, les paramètres utilisés sont :

A surface totale de l'appui

a' dimension des plaques métalliques dans la direction x

b' dimension des plaques métalliques dans la direction y

t épaisseur du feuillet élastomère courant

n nombre de feuillets courants d'épaisseur t

T épaisseur totale d'élastomère (feuillets courants plus feuillets extérieurs)

$G = 0{,}9\ \text{MPa}$ module de l'élastomère pour les combinaisons non sismiques

$G = 1\ \text{MPa}$ module de l'élastomère pour les combinaisons sismiques

$S = \dfrac{a'b'}{2(a' + b')t}$ coefficient de forme

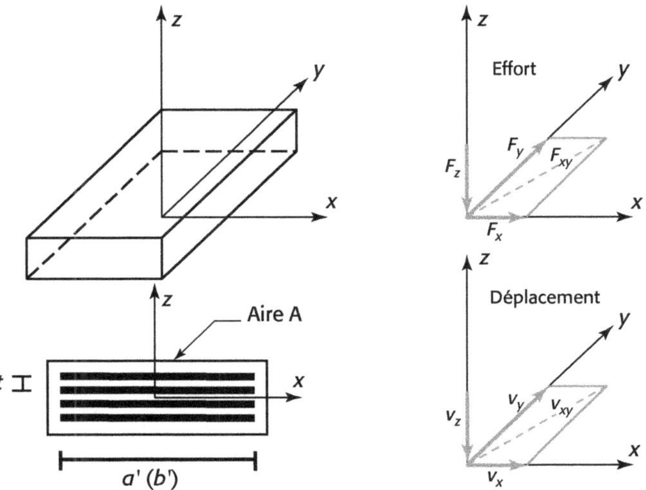

Figure D.1. Paramètres de définition

Sollicitations

La vérification des appuis s'effectue à l'état limite ultime à partir des sollicitations suivantes :

F_x, F_y, F_z : forces dans les directions x, y, z.

v_x, v_y, v_z : déplacements dans les directions x, y, z.

α : rotation autour de l'axe Oy

β : rotation autour de l'axe Ox

$v_{xy} = \sqrt{v_x^2 + v_y^2}$, déplacement maximum dans le plan Oxy

Vérification de la résistance

La vérification de la résistance prend en compte les dimensions des plaques métalliques et non les dimensions hors tout de l'appui.

a) *Distorsion en compression*

$$\varepsilon_c = \frac{1,5\,F_z}{G\,A_r\,S} < \frac{\min\,(a',b')}{T}$$

Avec $\quad A_r = a'b'\left(1 - \frac{v_x}{a'} - \frac{v_y}{b'}\right)$

b) *Distorsion en cisaillement*

$$\varepsilon_q = \frac{v_{xy}}{T} < 1 \quad \text{pour les combinaisons non sismiques}$$

$$\varepsilon_q = \frac{v_{xy}}{T} < 2 \quad \text{pour les combinaisons sismiques}$$

c) *Distorsion en rotation*

$$\varepsilon_\alpha = \frac{a'^2\alpha + b'^2\beta}{2\,n\,t^2}$$

d) *Critère sur le cumul des distorsions*

On doit vérifier la relation :

$$\varepsilon_c + \varepsilon_q + \varepsilon_a < 7$$

Vérification du comportement

a) *Glissement*

On considère la résultante des forces horizontales $F_{xy} = \sqrt{F_x^2 + F_y^2}$ et la force F_z minimum qui est compatible avec cette résultante.

Si les appuis ne sont pas ancrés dans leur support, on doit vérifier la condition de non glissement suivante :

$$\alpha_m = \frac{F_z}{A_r} \geq 3\ MPa$$

$$F_{xy} \leq \mu\,F_z$$

Avec le coefficient de frottement :

$$\mu = 0{,}1 + \frac{0{,}9}{\alpha_m}\ \text{pour le béton.}$$

$$\mu = 0{,}1 + \frac{0{,}3}{\alpha_m}\ \text{pour les autres matériaux.}$$

b) *Limitation du soulèvement*

Le déplacement vertical d'un coin de l'appui du aux rotations α et β a pour valeur :

$$v_{\text{MAX}} = \frac{a'\alpha + b'\beta}{2}$$

On doit vérifier la condition : $v_{\text{MAX}} < 1{,}5\ v_z$.

Dans cette expression v_z représente le tassement sous la charge verticale F_z concomitant avec les rotations α et β :

$$v_z = \frac{F_z\,T}{a'\,b'}\left(\frac{1}{5GS^2} + \frac{1}{E_b}\right)$$

Avec $E_b = 2000$ MPa.

Épaisseur des plaques métalliques

L'épaisseur minimum des plaques est donné par :

$$t_s = 2{,}6\,t\,\frac{F_z}{A_r\,F_y} > 2\ mm$$

Avec F_y : limite élastique de l'acier.

Raideur des appuis

a) *Translation suivant Ox ou Oy*

$$k_x = k_y = \frac{AG}{T}$$

b) *Translation suivant Oz*

$$\frac{1}{k_z} = \frac{T}{a'\,b'} \left(\frac{1}{5GS^2} + \frac{1}{E_b} \right)$$

c) *Rotation d'axe Oy*

$$\lambda_y = G\,\frac{a'^5 b'}{n\,t^3 K_s}$$

K_s est donné par la table 4 de l'EN1337-3/§ 5.3.3.7 dont on retrouve les valeurs en utilisant la formule suivante :

$$K_s = G\,\frac{21}{a'/b' - 0{,}23} + 59$$

Choix de la classe de ductilité

L'EN 1998-2 prévoit deux options de conception suivant le type de comportement attendu en cas de séisme : ductile ($q > 1,5$) ou ductile limité ($q \leq 1,5$). Elles diffèrent par la valeur du coefficient de comportement q, les dispositions constructives et les calculs justificatifs.

Le but de cette annexe est de rappeler succinctement les règles et de signaler les points principaux à examiner avant de choisir une de ces deux options.

Niveaux de séisme et comportement attendu

a) *Séisme de référence*

Pour ce niveau, seul le non-effondrement est requis. Deux comportements sont attendus suivant la valeur du coefficient de comportement q utilisé.

– *Structure à ductilité limitée (q ≤ 1,5)*

Lorsque le coefficient q de comportement utilisé pour le calcul des efforts est inférieur à 1,5, des rotules plastiques, zones de grandes déformations, ne sont pas censées se former et il n'est pas prévu de dispositions constructives spécifiques, à l'exception de celles imposées éventuellement par l'EN 1998-2 § 6.5. Le calcul des fondations doit toutefois être réalisé avec un coefficient $q = 1$ pour obtenir une meilleure sécurité.

– *Structures ductiles (q >1,5)*

Lorsque le coefficient q de comportement utilisé est supérieur à 1,5 , des rotules plastiques peuvent se former et des dispositions constructives spécifiques sont nécessaires. De plus un renforcement des fondations et des zones hors rotules des piles est requis pour garantir la bonne localisation des rotules, ce qui nécessite un calcul spécifique (dimensionnement en capacité).

Les désordres dus au séisme, principalement situés dans la zone des rotules plastiques, seront en principe plus importants pour les structures ductiles, que pour les structures à ductilité limitée.

Nota : pour les deux cas de ductilité les calculs de résistance sont conventionnellement effectués à l'ELU accidentel

b) *Séisme de service (q = 1)*

Ce niveau de séisme correspond à une probabilité de plus grande occurrence, donc à une accélération du sol de plus faible valeur que celle du séisme de référence. Une minimisation des dommages est requise et, en conséquence, la plastification des armatures n'est pas autorisée. Le calcul des efforts est donc effectué avec un coefficient $q = 1$ et on devra vérifier par un calcul à l'ELS que la contrainte des matériaux reste inférieure à une valeur limite fixée par le maître d'ouvrage. Celui-ci peut de plus définir des déplacements à ne pas dépasser.

Données complémentaires

L'Eurocode 8 ne fournit pas toutes les données nécessaires aux calculs, certaines étant du ressort des maîtres d'ouvrages.

a) *Soulèvement des semelles superficielles*

Le soulèvement partiel de la semelle d'une pile en cas de séisme entraine une variation de rigidité de la fondation en fonction de la rotation. Ce comportement non-linéaire réduit globalement les efforts mais entraîne une augmentation des déplacements en tête de cette pile et une redistribution des efforts par l'intermédiaire du tablier. Le calcul modal ne permet pas de prendre en compte ces phénomènes, mais on considère usuellement qu'il reste toujours valable si le soulèvement, calculé en supposant une répartition linéaire des contraintes du sol, se produit sur moins de 30 % de la surface de la semelle ; cette valeur est couramment adoptée pour les ouvrages nucléaires et les bâtiments

Par ailleurs l'EN 1998-5 relatif aux fondations en zone sismique n'impose aucune vérification du soulèvement.

- Dans le cas de la conception ductile limitée le comportement de la structure est censé être proche de l'élasticité, l'apparition de rotules plastiques étant exclue; il parait alors légitime de limiter à 30 % le soulèvement des semelles pour des efforts calculés en tenant compte de la valeur de q autorisée pour la superstructure, soit $q = 1,5$ en général. Les règles imposent par ailleurs de calculer le ferraillage des semelles et de vérifier la résistance du sol en utilisant un coefficient $q = 1$; si on vérifie le soulèvement d'une semelle rectangulaire pour ce cas de charge, on le trouvera inférieur à 70 % environ.

- Dans le cas de la conception ductile des rotules plastiques sont censées apparaitre et le comportement s'éloignera de l'élasticité. Il parait alors prudent de limiter à 30 % le soulèvement pour les efforts découlant du dimensionnement en capacité.

- Dans tous les cas on pourra se dispenser de vérifier le soulèvement si l'ouvrage est justifié à l'aide d'un calcul non linéaire, statique ou dynamique.

- Pour le séisme de service, on pourra adopter une valeur inférieure ou égale à 30 %.

b) *Contraintes admissibles des matériaux pour le séisme de service*

À défaut d'indications dans le cahier des charges, on pourra utiliser les valeurs suivantes :
Armatures : 80 % à 100 % de la limite élastique (400 à 500 MPa)
Béton   60 % de la contrainte ultime
Sol   50 % à 66 % de la contrainte ultime

Critères de choix

a) *Structures ductiles (q > 1,5)*

L'utilisation d'une valeur élevée du coefficient q permet de réduire les armatures de flexion et les efforts dans les fondations, mais au prix de dispositions constructives imposées dans les zones de rotules des piles qui peuvent se révéler très coûteuses : interdiction des recouvrements d'armatures, d'où recours éventuel à des coupleurs, armatures transversales très denses. D'autre part les études sont plus complexes que pour le cas $q = 1,5$, des calculs supplémentaires étant nécessaires pour justifier la valeur de q suivant la plus ou moins bonne régularité de l'ouvrage, et pour réaliser le dimensionnement en capacité. Il est à noter de plus que le dimensionnement en capacité doit correspondre aux armatures réellement mises en place, ce qui représente une contrainte pour leur adaptation sur les chantiers.

b) *Structures à ductilité limitée (q ≤ 1,5)*

L'option de la ductilité limitée est censée nécessiter moins de réparations après séisme et de ce fait peut être imposée par le maître d'ouvrage. Si ce n'est pas le cas on adoptera de préférence cette option sauf si elle conduit à des surcoûts excessifs par comparaison avec le séisme de service imposé par ailleurs.

c) *Comparaison séisme de service/séisme de référence avec q = 1,5*

Tout ce qui suit prévaut lorsque le séisme est dimensionnant vis-à-vis des autres combinaisons ELS et ELU.

Le tableau E1 ci-joint fournit pour les catégories d'importance II à IV le quotient des sollicitations séisme de référence/séisme de service obtenu à l'aide du même modèle. Pour le séisme de service on utilise la période de retour conseillée par l'Eurocode qui conduit à une valeur γ_1 = 0,585. Les valeurs du tableau peuvent être réduites si on utilise des inerties plus faibles pour le séisme de référence que pour celui de service (par exemple inertie des coffrages pour le séisme de service, inertie fissurée pour le séisme de référence).

Catégorie d'importance	$K1 = \gamma_1/0{,}585$	$K2 = K1/1{,}5$	$K3 = 0{,}8\ K2$
II ($\gamma_1 = 1,0$)	1,7	1,1	0,91
III ($\gamma_1 = 1,2$)	2,0	1,4	1,1
IV ($\gamma_1 = 1,4$)	2,4	1,6	1,3

Tableau E1. Quotient des sollicitations séisme de référence(q=1.5) /séisme de service.

d) *Fondations*

Le coefficient $K1$ correspond à $q = 1$ et s'applique aux fondations. Il montre que le choix de la ductilité limitée conduit à des forces horizontales et des moments de renversement nettement plus importants que ceux dus au séisme de service. Compte tenu des conséquences possibles sur les fondations (soulèvement et ferraillage des semelles, traction dans les pieux), un dimensionnement préalable s'impose pour confirmer le choix du niveau de ductilité.

e) *Piles*

Le coefficient $K2$ correspond à $q = 1,5$ et s'applique aux piles dans le cas ou une contrainte admissible des armatures de 500 MPa est imposée pour le séisme de service .Le coefficient $K2$ permet alors de comparer les sections d'armatures de flexion si elles sont concentrées. Dans le cas général des armatures réparties la valeur de $K2$ sera inférieure puisqu'à l'ELU les armatures sont mieux sollicitées. On peut donc estimer que pour des piles classiques, comportant des armatures de flexion réparties sur le pourtour de la section, le calcul avec q = 1,5 peut éventuellement être pénalisant pour les ouvrages des catégories III et IV.

Le coefficient $K3$ a pour valeur $0,8 \times K2$ et s'applique aux piles dans le cas ou une contrainte admissible de 400 MPa est imposée pour le séisme de service. Les valeurs obtenues montrent que le calcul avec $q = 1,5$ peut éventuellement pénaliser les ouvrages de la catégorie IV.

Conclusion

La conception ductile ($q > 1,5$) minimise les efforts sur les fondations et les moments de flexion dans les piles, mais au prix de dispositions constructives contraignantes et d'armatures transversales denses. Après un séisme des désordres importants ne sont pas à exclure.

La conception ductile limitée ($q \leq 1,5$) conduit à des efforts plus importants sur les fondations et les piles, mais n'exige pas (ou peu) de dispositions constructives particulières. Après un séisme, des désordres moins importants sont probables, ce qui peut faire préférer cette option. On devra toutefois vérifier qu'elle n'entraîne pas de surcoûts excessifs par comparaison avec le séisme de service imposé par ailleurs.

Pour le séisme de service les données du calcul (contraintes admissibles des matériaux, valeur maximale des déplacements, soulèvement des semelles…) doivent être fournies par le maître d'ouvrage et vont intervenir dans le choix du niveau de ductilité : par exemple le choix d'une contrainte admissible de l'acier de faible valeur dans le cas du séisme de service peut rendre sans intérêt le recours à un coefficient de comportement de valeur élevée.

De manière générale, l'option de la ductilité limitée sera a priori économique pour un niveau de séisme faible ou modéré et de bonnes conditions de sol, et la conception ductile sera plus appropriée pour un niveau de séisme fort et des conditions de sol difficiles, donc des fondations coûteuses.

Bibliographie

Ouvrages édités

1) CAPRA A. et DAVIDOVICI V., *Calcul dynamique des structures en zones sismique*. France : Eyrolles, 1980, 163 p.

2   KAHAN M., « Dimensionnement simplifié d'amortisseurs visqueux non linéaires pour ponts en zone sismique ». *Revue française de Génie civil*, vol. 4 n° 1, février 2000, Hermes Science.

3) SETRA-SNCF. *Ponts courants en zone sismique – Guide de conception*. Janvier 2000, 206 p.

4) *Construction parasismique*, Guide EC 8, sous la direction de V. Davidovici, Eyrolles, 2015, 256 p.

Normes Européennes

5) NF EN 1998-1– EUROCODE 8 – Partie 1, « Règles générales, actions sismiques et règles pour les bâtiments » de septembre 2005.

6) NF EN 1998-2 – EUROCODE 8 – Partie 2, « Ponts » de décembre 2006.

7) NF EN 1998-5 – EUROCODE 8 – Partie 5, « Fondations, ouvrages de soutènement et aspects géotechniques » de septembre 2005.

8) NF EN 1337-3 – Partie 3, « Appareils d'appui en élastomère » de septembre 2005.

9) NF EN 15129 – « Dispositifs antisismiques » de janvier 2010.

10) NF EN 1991- 2/NA – Action sur les structures. Partie 2, « Actions sur les ponts dues au trafic ».

11) NF EN 1992-1-1 EUROCODE 2 – « Calcul des structures en béton - Partie 1-1 : règles générales et règles pour les bâtiments » d'octobre 2005.

12) NF EN 1990/A1 EUROCODE 0 – Additif 1 – « Bases de calcul des structures » de juillet 2006.

Décrets, arrêtés, circulaires

13) Décret n° 2010-1254 du 22 octobre 2010 relatif à la prévention du risque sismique.

14) Décret n° 2010-1255 du 22 octobre 2010 portant délimitation des zones de sismicité du territoire français.

15) Arrêté du 26 octobre 2011 relatif à la classification et aux règles de construction parasismique applicables aux ponts de la classe dite « à risque normal ».

Cours universitaires

16) PECKER A., *Dynamique des structures et des ouvrages*. ENPC, édition 2008, 219 p.

N°d'éditeur : 9482
Dépôt légal : mai 2015
Imprimé en Allemagne par BoD